"创新设计思维"
数字媒体与艺术设计类新形态丛书

全|彩|微|课|版

Blender

U0160647

三维设计案例教程

互联网＋数字艺术教育研究院 策划

来阳 编著

人民邮电出版社

北 京

图书在版编目（CIP）数据

Blender三维设计案例教程 ：全彩微课版 / 来阳编
著. -- 北京 ： 人民邮电出版社，2024.1
（"创新设计思维"数字媒体与艺术设计类新形态丛
书）
ISBN 978-7-115-62901-2

Ⅰ．①B… Ⅱ．①来… Ⅲ．①三维动画软件－教材
Ⅳ．①TP391.414

中国国家版本馆CIP数据核字(2023)第192207号

内 容 提 要

本书是编者基于多年实践及教学经验编写而成的，面向零基础读者。本书通过案例操作讲解软件
的知识点，系统地介绍 Blender 3.6 的使用方法及实战技巧。全书共 10 章，包括初识 Blender、网格建
模、曲线建模、雕刻建模、灯光技术、摄像机技术、材质与纹理、渲染技术、动画技术和综合实例。

本书适合作为本科院校、高职院校数字媒体艺术、数字媒体技术和动画等专业的教材，也可以作
为培训机构三维设计相关课程的培训用书，还可以作为相关从业人员的参考书。

◆ 编　著　来　阳
责任编辑　韦雅雪
责任印制　王　郁　陈　犇

◆ 人民邮电出版社出版发行　　北京市丰台区成寿寺路 11 号
邮编　100164　电子邮件　315@ptpress.com.cn
网址　https://www.ptpress.com.cn

涿州市般润文化传播有限公司印刷

◆ 开本：787×1092　1/16
印张：13.5　　　　　　　　　2024 年 1 月第 1 版
字数：353 千字　　　　　　　2025 年 1 月河北第 4 次印刷

定价：79.80 元

读者服务热线：(010)81055256　印装质量热线：(010)81055316
反盗版热线：(010)81055315
广告经营许可证：京东市监广登字 20170147 号

前　言

Blender是一款免费的三维设计软件，它功能强大，交互方式简单，因此从诞生以来一直受到三维设计从业者的喜爱。该软件在模型制作、场景渲染、动画及特效等方面都能发挥不错的效果，很多艺术设计相关专业都开设了Blender三维设计相关的课程。党的二十大报告中提到："教育、科技、人才是全面建设社会主义现代化国家的基础性、战略性支撑。"为了帮助各类院校快速培养优秀的三维设计人才，本书力求通过多个实例由浅入深地讲解用Blender 3.6进行三维设计的方法和技巧，帮助教师开展教学工作，同时帮助读者掌握实战技能、提高设计能力。

编写理念

本书体现了"基础知识+实例操作+强化练习"三位一体的编写理念，理实结合，学练并重，帮助读者全方位掌握Blender三维设计的方法和技巧。

基础知识：讲解重要和常用的知识点，分析归纳Blender三维设计的操作技巧。

实例操作：结合行业热点，精选典型的商业实例，详解Blender三维设计的设计思路和制作方法；通过综合案例，全面提升读者的实际应用能力。

强化练习：精心设计有针对性的课堂练习和课后练习，拓展读者的应用能力。

教学建议

本书的参考学时为64学时，其中讲授环节为40学时，实训环节为24学时。各章的参考学时可参见下表。

章序	课程内容	学时分配	
		讲授环节	实训环节
第1章	初识Blender	1学时	1学时
第2章	网格建模	6学时	4学时
第3章	曲线建模	3学时	2学时
第4章	雕刻建模	2学时	2学时
第5章	灯光技术	4学时	2学时
第6章	摄像机技术	2学时	2学时
第7章	材质与纹理	6学时	3学时
第8章	渲染技术	4学时	2学时
第9章	动画技术	6学时	3学时
第10章	综合案例	6学时	3学时
学时总计		40学时	24学时

配套资源

本书提供了丰富的配套资源，读者可登录人邮教育社区（www.ryjiaoyu.com），在本书页面中下载。

微课视频： 本书所有案例配套微课视频，扫码即可观看，支持线上线下混合式教学。

素材和效果文件： 本书提供了所有案例需要的素材和效果文件，素材和效果文件均以案例名称命名。

素材文件　　　　效果文件

教学辅助文件： 本书提供PPT课件、教学大纲、教学教案、拓展案例、拓展素材资源等。

PPT课件　　　教学大纲　　　教学教案　　　拓展案例　　　拓展素材资源

作者
2023年10月

目 录

第 4 章
雕刻建模

第 5 章
灯光技术

第 6 章
摄像机技术

第 7 章
材质与纹理

第8章
渲染技术

第9章
动画技术

第10章
综合实例

第 1 章　初识Blender

本章导读

　　本章带领大家学习中文版Blender 3.6的界面组成及基本操作，通过实例的方式让大家在具体的操作过程中对Blender的常用工具图标及使用技巧有基本的认知和了解，并熟悉该软件的应用领域及工作流程。

学习要点

- ❖ 熟悉Blender的软件应用领域
- ❖ 掌握Blender的工作界面
- ❖ 掌握Blender的视图操作
- ❖ 掌握对象的基本操作方法
- ❖ 掌握常用快捷键的使用技巧

1.1 Blender概述

随着科技的更新和时代的不断进步，计算机应用已经渗透到各行各业，它们无处不在，俨然已成为人们工作和生活中无法取代的重要电子产品。多种多样的软件技术配合不断更新换代的计算机硬件使得越来越多的可视化数字媒体产品飞速地融入人们的生活中。越来越多的艺术专业人员也开始使用数字技术来进行工作，诸如绘画、雕塑、摄影等传统艺术学科也都开始与数字技术融会贯通，形成了全新的学科交叉创意工作环境。

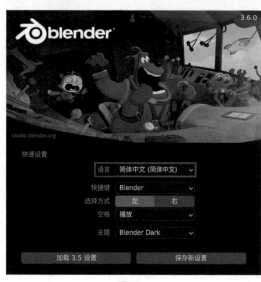

图1-1

中文版Blender 3.6是一款专业、自由的三维动画软件，这意味着该软件可以被艺术家及工作室用于商业用途，也可以被教育机构的学生用于学习。该软件旨在为广大三维动画师提供功能丰富、强大的动画工具来制作优秀的动画作品。当我们安装好该软件并首次启动时，系统会自动弹出英文界面的"启动画面"，将Language（语言）设置为"简体中文"后，就可以在中文版环境下使用该软件进行自由创作了，如图1-1所示。

1.2 Blender 3.6的应用范围

计算机图形技术始于20世纪50年代早期，最初主要应用于军事作战、计算机辅助设计与制造等专业领域。在20世纪90年代后，计算机技术应用技术开始变得成熟，随着计算机价格的下降，图形图像技术开始被越来越多的视觉艺术专业人员所关注、学习。Blender作为一款旗舰级别的动画软件，可以为产品展示、建筑表现、园林景观设计、游戏、电影和运动图形的设计人员提供包含3D建模、动画、渲染、合成在内的全面解决方案，应用领域非常广泛。图1-2和图1-3所示为作者使用该软件制作出的三维图像作品。

图1-2

图1-3

1.3 Blender 3.6的工作界面

学习使用Blender时，首先应熟悉软件的操作界面与布局，为以后的创作打下基础。图1-4为中文版Blender 3.6软件打开之后的界面截图。

技巧与提示 · Windows与macOS版本的中文版Blender 3.6在工作区的显示和软件的快捷键操作上几乎没有区别。

1.3.1 工作区

Blender软件提供了多个不同的工作区界面，以帮助用户得到更好的操作体验。工作区界面分为布局、建模、雕刻、UV编辑、纹理绘制、着色、动画、渲染、合成、几何节点和脚本。可以单击软件界面上方中心位置处的这些工作区名称完成在这些工作区界面间切换。图1-5~图1-15所示为这些不同工作区的软件界面布局显示。

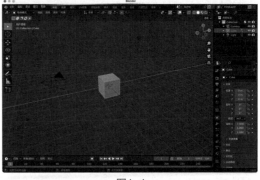

图1-4

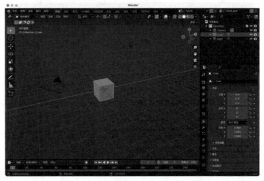

图1-5

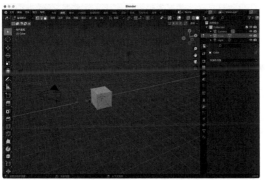

图1-6

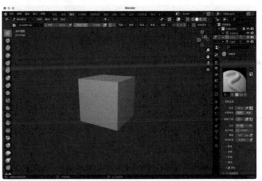

图1-7

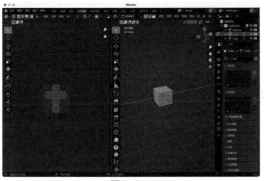

图1-8

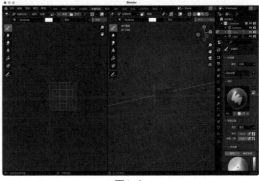

图1-9

3

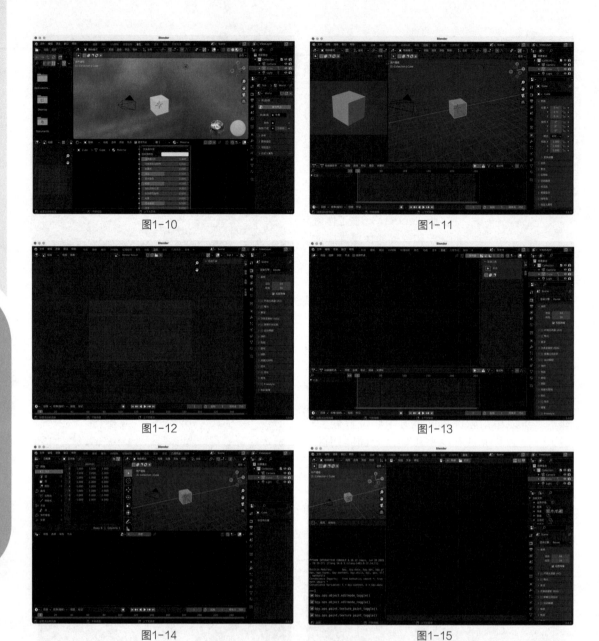

图1-10

图1-11

图1-12

图1-13

图1-14

图1-15

1.3.2 菜单

Blender 3.6软件提供了多行菜单命令，这些菜单命令有一部分是固定位于软件界面上方左侧位置处，另一部分分别位于不同的工作区界面中，如图1-16所示。

图1-16

1.3.3 视图

1.视图切换

在默认状态下，打开中文版Blender 3.6软件后，软件显示的视图为透视视图。可以执行菜单栏"视图/视图/左"命令，如图1-17所示，将透视视图切换至左视图。切换完成后，视图上方左侧的位置会显示该视图的名称，如图1-18所示。可以使用同样的方法切换至其他视图。

还可以单击"旋转视图"按钮上的"预设观察点"来切换视图，如图1-19所示。

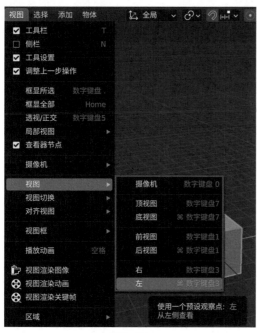

图1-17

图1-18

图1-19

> **技巧与提示**　按住鼠标中键，可以对视图进行旋转操作。按住option（macOS）/Alt（Windows）键+鼠标中键，可以将透视视图旋转至正交视图。还可以按住Ctrl++组合键/Ctrl+-组合键来放大或缩小操作视图。按住Shift键+鼠标中键，可以平移视图。

2.视图显示

Blender软件提供了"线框模式""实体模式""材质预览"和"渲染预览"4种视图显示方式。单击视图右侧上方对应的按钮即可切换视图显示模式，如图1-20所示。图1-21～图1-24分别为这4种视图显示方式。

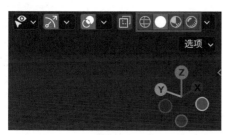

图1-20

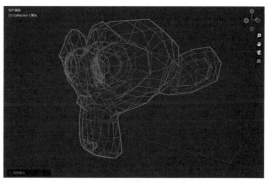

图1-21

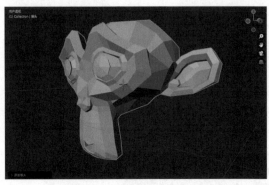

图1-22

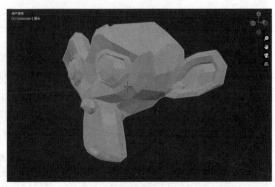

图1-23

进入模型的"编辑模式"后，视图还会显示构成模型的边线结构，如图1-25所示。

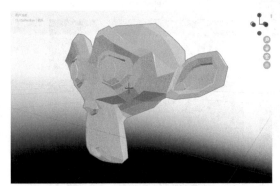

图1-24

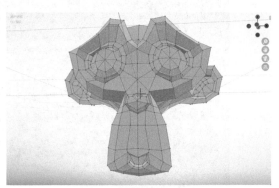

图1-25

按Shift+Z组合键，视图可以在线框模式与实体模式之间切换。按Z键，弹出菜单，可以执行菜单中的命令来切换视图显示方式，如图1-26所示。

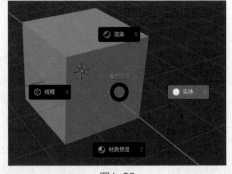

图1-26

3.视图调整

可以滚动鼠标滚轮来调整视图的推进/拉远，按住Ctrl键+鼠标中键也可以控制视图的推进/拉远。按住Shift键+鼠标中键可以平移操作视图。仅按住鼠标中键可以旋转视图来调整观察角度。当然，Blender 3.5也提供了用于调整视图的按钮，这些按钮位于视图上方右侧位置处，如图1-27所示。

工具解析

旋转视图：将鼠标指针移至该按钮上，按住鼠标左键并拖动鼠标即可旋转视图，也可以单击上面的"预设观测点"来直接将视图切换至"前视

图1-27

图""左视图""顶视图"等正交视图上。

　　🔍缩放视图：将鼠标指针移至该按钮上，按住鼠标左键并拖动鼠标即可对视图进行推进/拉远操作。

　　✋移动视图：将鼠标指针移至该按钮上，按住鼠标左键并拖动鼠标即可对视图进行平移操作。

　　📷切换摄像机视角：单击该按钮可以在透视视图和摄像机视图之间切换。

　　▦切换当前视图为正交视图/透视图：单击该按钮可以在正交视图和透视图之间切换。

1.3.4　大纲视图

　　与3ds Max、Maya这些三维软件相似的是，Blender软件也提供了"大纲视图"面板，方便用户观察场景中都有哪些对象并显示这些对象的类型及名称，如图1-28所示。可以看到，新建一个场景文件时，场景内默认会有一个摄像机、一个立方体模型和一个灯光。建模时，可以单击"大纲视图"内对象名称后面的眼睛图标来隐藏摄像机或灯光对象。

图1-28

1.3.5　"属性"面板

　　"属性"面板位于软件界面右侧下方，由"活动工具与工作区设置""渲染属性""输出属性""视图层属性""场景属性""世界属性""集合属性""物体属性""修改器属性""粒子属性""物理属性""物体约束属性""物体数据属性""材质属性"和"纹理属性"面板组成，如图1-29所示。可以单击"属性"面板左侧的工具图标来访问这些面板。

图1-29

1.4 课堂实例：主题设置

本节主要讲解如何为Blender软件更改主题。

| 效果工程文件 | 无 |
| 素材工程文件 | 无 |

微课视频

整体思路

（1）更改软件主题。
（2）选择适合自己学习、工作的主题。

操作步骤

（1）启动中文版Blender 3.6软件，在"启动画面"上单击"常规"，如图1-30所示，进入Blender软件的工作界面。

图1-30

（2）可以看到默认状态下，中文版Blender 3.6软件的默认主题为Blender Dark，该主题界面颜色较暗，如图1-31所示。

Blender三维设计案例教程（全彩微课版）

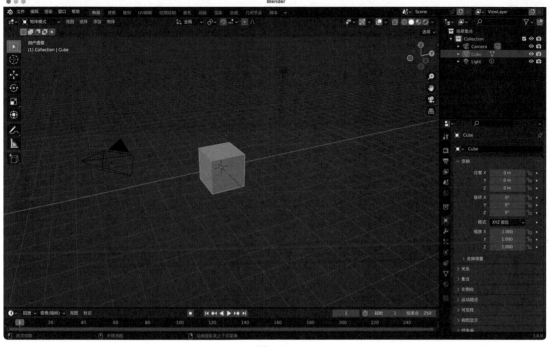

图1-31

（3）执行菜单栏"编辑/偏好设置"命令，如图1-32所示。

（4）在"Blender偏好设置"面板中设置"预设"为Blender Light，如图1-33所示。Blender界面的显示效果如图1-34所示。

图1-32

图1-33

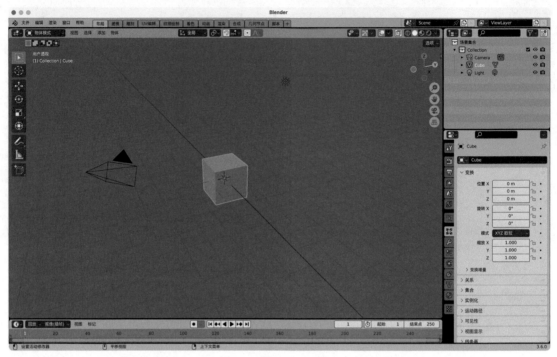

图1-34

（5）在"Blender偏好设置"面板中设置"加载预设"为Deep Grey，如图1-35所示。Blender界面的显示效果如图1-36所示。

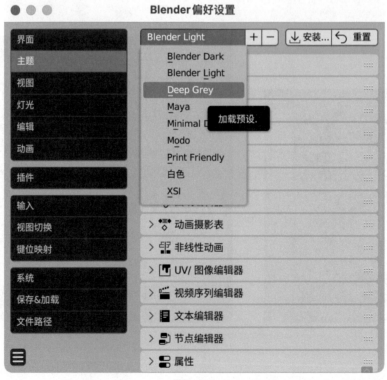

图1-35

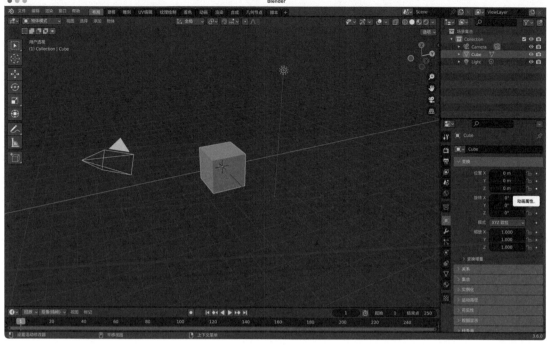

图1-36

（6）在"Blender偏好设置"面板中设置"加载预设"为Maya，如图1-37所示。Blender界面的显示效果如图1-38所示。

图1-37

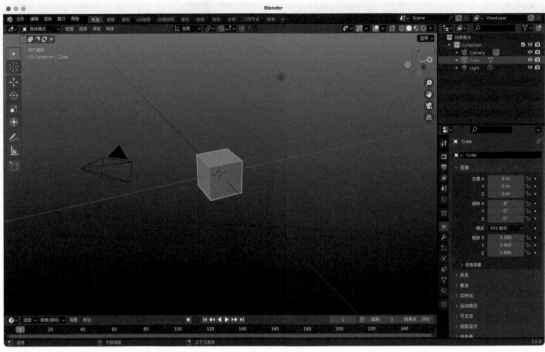

图1-38

（7）在"Blender偏好设置"面板中设置"加载预设"为Minimal Dark，如图1-39所示。
Blender界面的显示效果如图1-40所示。

图1-39

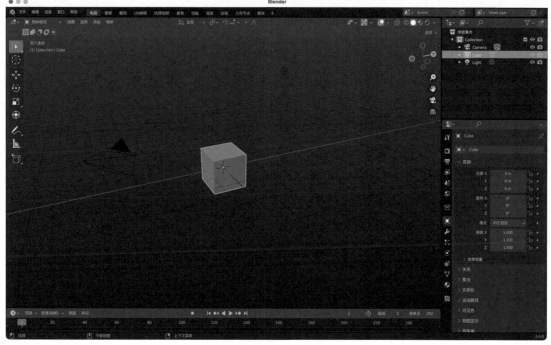

图1-40

（8）在"Blender偏好设置"面板中设置"加载预设"为Modo，如图1-41所示。Blender界面的显示效果如图1-42所示。

图1-41

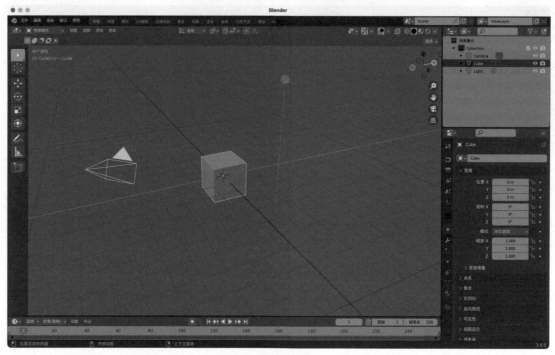

图1-42

（9）在"Blender偏好设置"面板中设置"加载预设"为Print Friendly，如图1-43所示。Blender界面的显示效果如图1-44所示。

图1-43

Blender三维设计案例教程（全彩微课版）

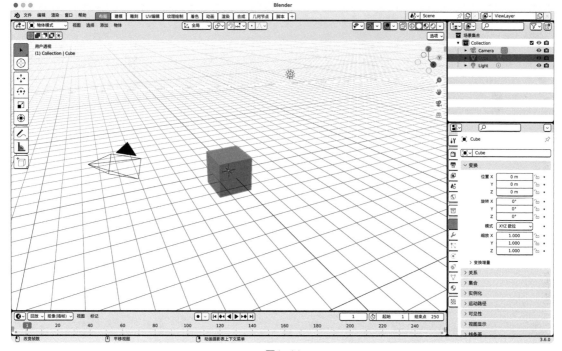

图1-44

（10）在"Blender偏好设置"面板中设置"加载预设"为白色，如图1-45所示。Blender界面的显示效果如图1-46所示。

图1-45

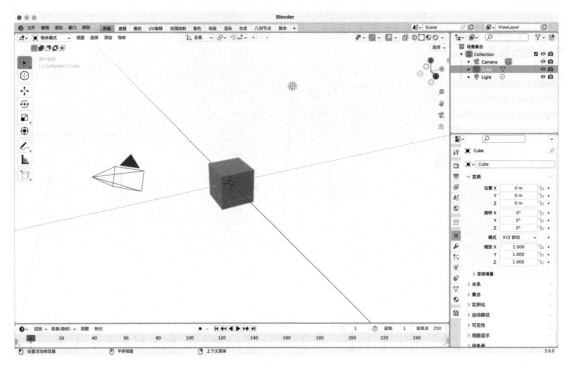

图1-46

（11）在"Blender偏好设置"面板中设置"加载预设"为XSI，如图1-47所示。Blender界面的显示效果如图1-48所示。

图1-47

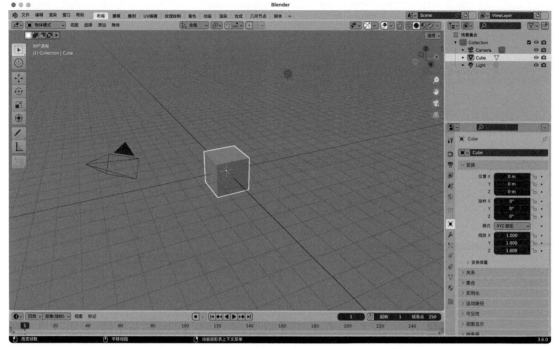

图1-48

> 技巧与提示　由于在实际的教学工作过程中，Blender Light主题使用较多，且印刷效果较好，故本书采用该主题来进行软件的讲解。

1.5 课堂实例：变换操作

本节主要讲解如何在Blender软件中创建对象，以及修改对象的变换属性。

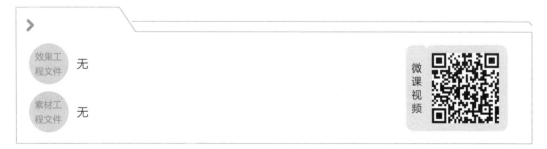

效果工
程文件　无

素材工
程文件　无

微课视频

整体思路

（1）学习创建对象。
（2）学习使用框选工具修改对象的变换属性。
（3）学习移动、旋转、缩放等工具的使用方法。

操作步骤

1.5.1 创建对象

（1）启动中文版Blender 3.6软件，在"启动画面"中单击"常规"，如图1-49所示，进入Blender软件的工作界面。

图1-49

（2）可以看到在默认状态下，场景中存在3个对象，分别是一个立方体模型、一个摄像机和一个灯光，如图1-50所示。

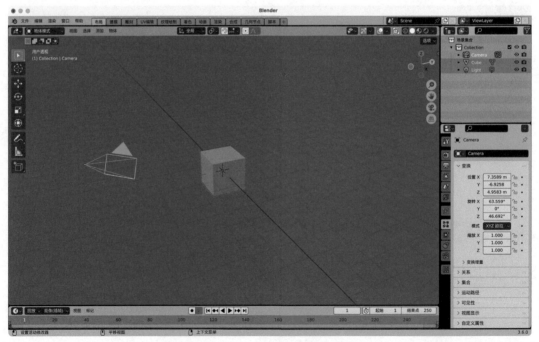

图1-50

（3）还可以通过"大纲视图"来选择或查看这3个对象，如图1-51所示。

（4）如果用户希望自己创建模型，则可以先选择场景中自带的立方体模型，按X键将其删除，如图1-52所示。

（5）执行菜单栏"添加/网格/猴头"命令，如图1-53所示。

图1-51

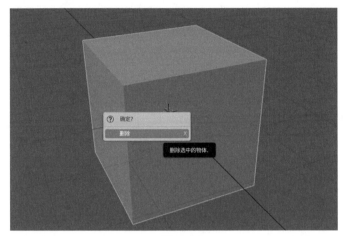

图1-52

图1-53

技巧与提示　还可以按Shift+A组合键，在视图中直接打开"添加"菜单来创建模型。

（6）在场景中创建一个猴头模型，如图1-54所示。

（7）这时观察视图左上角位置处，默认选择"框选"工具，如图1-55所示。

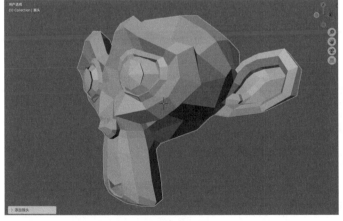

图1-54

图1-55

（8）按G键，可以在"框选"状态下调整对象的位置，如图1-56所示。

（9）按G键，再按X键，可以在"框选"状态下沿X轴调整对象的位置，如图1-57所示。同理，按G键，再按Y键，可以沿Y轴调整对象的位置；按G键，再按Z键，可以沿Z轴调整对象的位置。

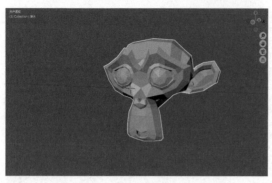
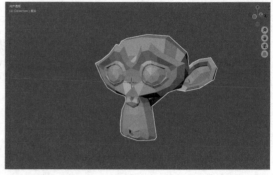

图1-56 图1-57

（10）按R键，可以在"框选"状态下调整对象的旋转角度，如图1-58所示。

（11）按R键，再按X键，可以在"框选"状态下沿X轴调整对象的旋转角度，如图1-59所示。同理，按R键，再按Y键，可以沿Y轴调整对象的旋转角度；按R键，再按Z键，可以沿Z轴调整对象的旋转角度。

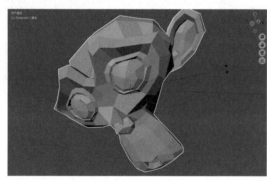
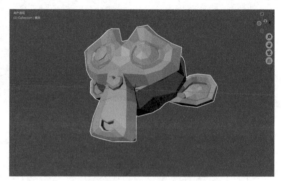

图1-58 图1-59

（12）按S键，可以在"框选"状态下缩放对象的大小，如图1-60所示。

（13）按S键，再按X键，可以在"框选"状态下沿X轴缩放对象的大小，如图1-61所示。同理，按S键，再按Y键，可以沿Y轴缩放对象的大小；按S键、再按Z键，可以沿Z轴缩放对象的大小。

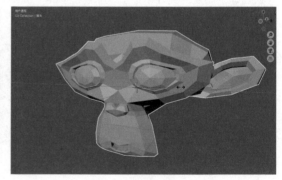

图1-60 图1-61

1.5.2 变换对象

（1）除了在"框选"状态下可以使用快捷键来更改对象的变换属性，Blender软件还提供了

"移动""旋转""缩放"和"变换"这4种工具来帮助用户实现对应的操作，如图1-62所示。

用户透视
(1) Collection | 猴头

图1-62

> 💡 技巧与提示　控制工具栏显示及隐藏的快捷键为T。

（2）单击"移动"按钮后，选中的模型上会显示移动操纵器，如图1-63所示。可以使用移动操纵器来移动猴头模型的位置。

（3）单击"旋转"按钮后，选中的模型上会显示旋转操纵器，如图1-64所示。可以使用旋转操纵器来更改猴头模型的角度。

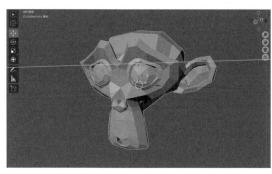

图1-63

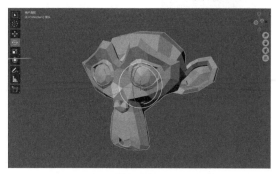

图1-64

（4）单击"缩放"按钮后，选中的模型上会显示缩放操纵器，如图1-65所示。可以使用缩放操纵器来更改猴头模型的大小比例关系。

（5）单击"变换"按钮后，选中的模型上会显示变换操纵器，如图1-66所示。可以使用变换操纵器来更改猴头模型的位置、旋转角度和大小比例关系。

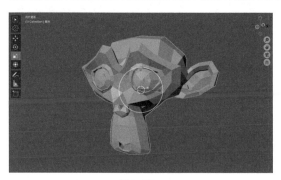

图1-65

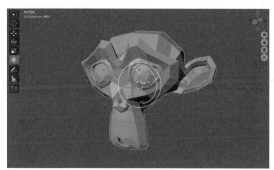

图1-66

1.6　课堂实例：复制对象

本节主要讲解如何在Blender软件中复制对象。

效果工程文件	无
素材工程文件	无

微课视频

🖱 **整体思路**

（1）使用快捷键复制对象。

（2）关联复制对象。

🖱 **操作步骤**

（1）启动中文版Blender 3.6软件，可以看到场景中自带一个立方体模型，如图1-67所示。

（2）选中立方体模型，按Shift+D组合键，可复制选中的模型并调整其位置，如图1-68所示。

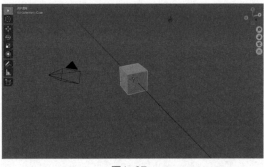

图1-67

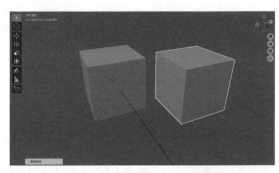

图1-68

（3）选中立方体模型，按Shift+D组合键，再按X键，可复制选中的模型并沿 *X* 轴调整其位置，如图1-69所示。

（4）在"复制物体"对话框中勾选"关联"复选框，如图1-70所示。复制出来的模型与原模型构成关联关系，即修改其中一个模型的属性也会影响另一个模型的形态。

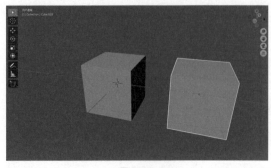

图1-69

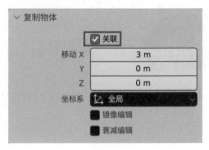

图1-70

Blender三维设计案例教程（全彩微课版）

22

技巧与提示 关联复制的快捷键是option（macOS）/Alt（Windows）+D组合键。

（5）选中任意一个立方体模型，进入"编辑模式"，如图1-71所示。

图1-71

（6）选择图1-72所示的顶点。

（7）使用"移动"工具调整其位置至图1-73所示，可以看到另一个立方体模型的形态也发生了对应的变化。

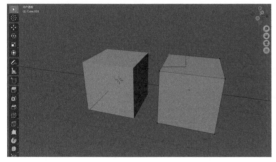

图1-72

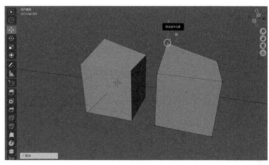

图1-73

第 2 章　网格建模

本章导读

　　本章将介绍中文版Blender 3.6的网格建模技术，以较为典型的实例来详细讲解常用网格建模工具的使用方法。本章非常重要，请读者务必认真学习。

学习要点

- ❖ 了解网格建模的思路
- ❖ 掌握网格选择模式的切换方式
- ❖ 掌握网格建模技术
- ❖ 学习创建规则的多边形模型
- ❖ 学习创建不规则的多边形模型

2.1 网格建模概述

中文版Blender 3.6软件提供了多种建模工具来帮助用户在软件中解决各种各样复杂形体模型的构建。选中模型并切换至"编辑模式"后，就可以使用这些建模工具了。图2-1和图2-2所示为使用Blender软件制作的模型。

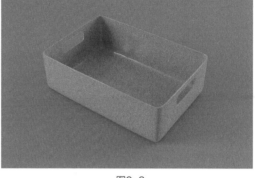

图2-1   图2-2

2.2 创建几何体

执行菜单栏"添加/网格"命令，可以看到Blender提供的多种基本几何体的创建命令，如图2-3所示。

图2-3

2.2.1 平面

执行菜单栏"添加/网格/平面"命令，即可在场景中创建一个平面模型，如图2-4所示。在"添加平面"卷展栏中，其参数设置如图2-5所示。

图2-4

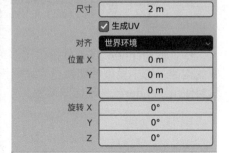

图2-5

工具解析

尺寸：设置平面的大小。
对齐：设置生成模型的初始对齐方式。
位置X/Y/Z：模型的初始位置。
旋转X/Y/Z：模型的初始方向。

技巧与提示　这种创建对象的方式与Maya软件默认创建对象的方式极为相似。

2.2.2 立方体

执行菜单栏"添加/网格/立方体"命令，即可在场景中创建一个立方体模型，如图2-6所示。

在"添加立方体"卷展栏中，其参数设置如图2-7所示。

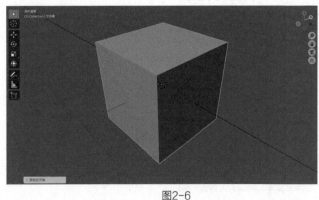

图2-6

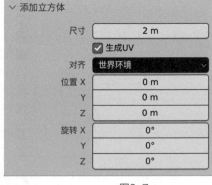

图2-7

技巧与提示　立方体的参数设置与平面的参数设置基本一样，故不再重复讲解。

2.2.3 经纬球

执行菜单栏"添加/网格/经纬球"命令，即可在场景中创建一个球体模型，如图2-8

所示。

在"添加UV球体"卷展栏中，其参数设置如图2-9所示。

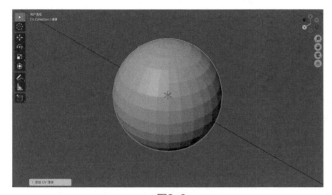

图2-8   图2-9

🖱 **工具解析**

段数：设置球体的横向分段数。
环：设置球体的竖向分段数。
半径：设置球体的半径。
对齐：设置生成模型的初始对齐方式。
位置X/Y/Z：模型的初始位置。
旋转X/Y/Z：模型的初始方向。

2.2.4 棱角球

执行菜单栏"添加/网格/棱角球"命令，即可在场景中创建一个棱角球模型，如图2-10所示。

在"添加棱角球"卷展栏中，其参数设置如图2-11所示。

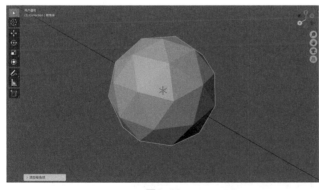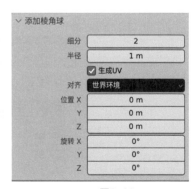

图2-10   图2-11

💡 技巧与提示   棱角球的参数设置与经纬球的参数设置基本一样，故不再重复讲解。

2.3 编辑模式

要对场景中的模型进行编辑，需要由默认的"物体模式"切换至"编辑模式"。在"编辑模式"中，不但可以清楚地看到构成模型的边线结构，还可以使用各种各样的建模工具。图2-12和图2-13所示分别为猴头模型处于"物体模式"和"编辑模式"下的视图显示状态。

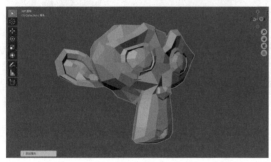

图2-12　　　　　　　　　　　　　　　图2-13

2.3.1 选择模式

网格对象的选择模式有"点选择模式""边选择模式"和"面选择模式"3种，可以单击"编辑模式"后面的3个按钮来切换，如图2-14所示。

图2-14

 技巧与提示
点选择模式的快捷键是1。
边选择模式的快捷键是2。
面选择模式的快捷键是3。

2.3.2 衰减编辑

"衰减编辑"的效果类似于3ds Max和Maya软件中的"软选择"。单击"衰减编辑"按钮来启动该功能，并设置"衰减类型"来控制该功能产生的结果，如图2-15所示。

图2-15

Blender三维设计案例教程（全彩微课版）

2.3.3 常用编辑工具

进入模型的"编辑模式"后，可以在软件界面左侧的工具栏中找到较为常用的编辑工具图标，如图2-16所示。

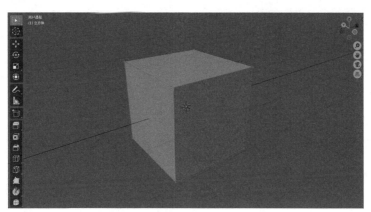

图2-16

🖱 工具解析

🔲 挤出选区：将选择的面挤出，如图2-17所示。

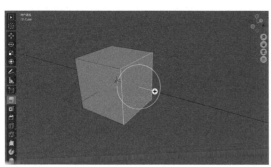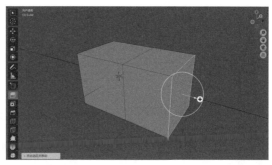

图2-17

🔳 沿法向挤出：对选择的面沿法线方向挤出，如图2-18所示。

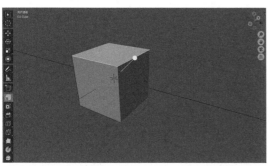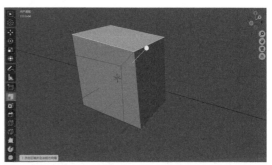

图2-18

🔳 挤出各个面：对选择的面沿面的朝向分别挤出，如图2-19所示。

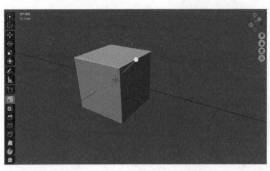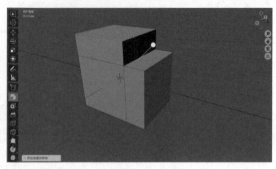

图2-19

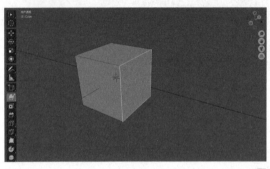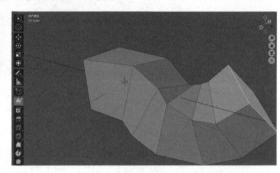

挤出至光标：对选择的面沿光标的位置挤出，如图2-20所示。

图2-20

内插面：在选择的面内插入一个新的面，如图2-21所示。

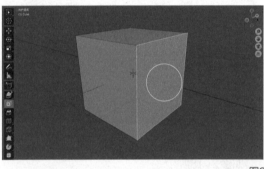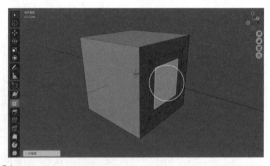

图2-21

倒角：对选择面的边缘处进行倒角圆滑处理，如图2-22所示。

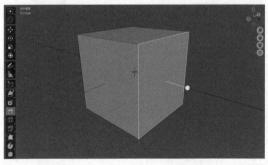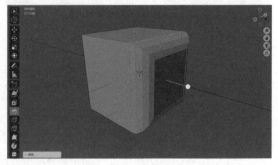

图2-22

环切：对模型进行环形切割，如图2-23所示。

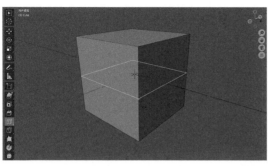 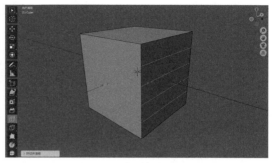

图2-23

切割：对模型的面进行切割，将其分割为多个面，如图2-24所示。

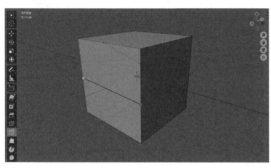 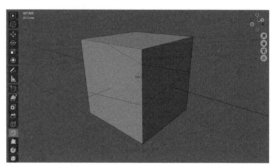

图2-24

多边形建形：通过调整网格顶点来修改模型的形态。

旋绕：对选择的顶点进行旋转挤出从而生成模型。

光滑：光滑所选择顶点的边角。

随机：对选择的顶点进行随机移动，如图2-25所示。

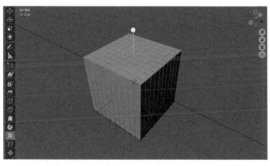 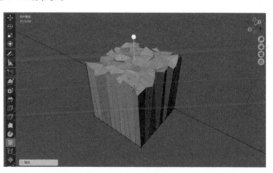

图2-25

2.4 课堂实例：制作文字模型

本课堂实例主要讲解如何使用文本工具来制作立体文字模型，本实例的最终渲染效果如图2-26所示。

图2-26

效果工程文件	文字.blend
素材工程文件	无

微课视频

整体思路

（1）创建文本。

（2）修改文本的基本属性。

操作步骤

（1）启动中文版Blender 3.6软件，将其中自带的立方体模型删除后，执行菜单栏"添加/文本"命令，如图2-27所示。

（2）在场景中创建一个文本模型，如图2-28所示。

（3）按Tab键，进入"编辑模式"，文字模型后面显示一条蓝色的线，如图2-29所示。这时可以重新输入文字，更改文字的内容，如图2-30所示。

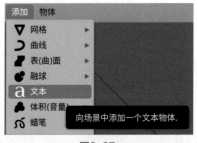

图2-27

图2-28

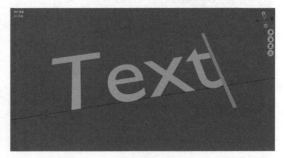

图2-29

（4）设置完文字的内容后，再次按Tab键，退出"编辑模式"，并调整文字模型的方向至图2-31所示。

图2-30   图2-31

（5）在"数据"面板中展开"几何数据"卷展栏，设置"挤出"为0.1m，如图2-32所示。

（6）设置完成后，文字模型的视图显示效果如图2-33所示。

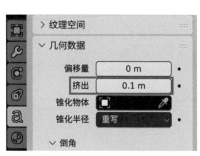

图2-32   图2-33

（7）在"倒角"卷展栏中设置"深度"为0.01m，如图2-34所示。

（8）设置完成后，文字模型的视图显示效果如图2-35所示。

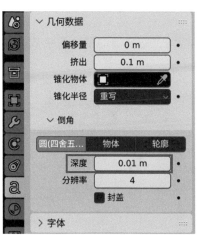

图2-34   图2-35

（9）在"视图着色方式"面板中勾选Cavity，如图2-36所示。

（10）这样，模型的边缘位置显示为白色的高亮状态，有利于我们观察模型的结构。本实例最终制作完成的模型效果如图2-37所示。

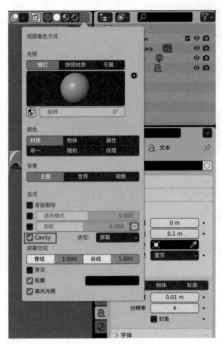

图2-36   图2-37

 有关材质、灯光及渲染方面的更多设置技巧及操作步骤，请读者参阅本书对应的章节进行学习。

2.5 课堂实例：制作圆凳模型

本课堂实例主要讲解如何使用网格建模技术来制作圆凳模型，本实例的最终渲染效果如图2-38所示。

图2-38

效果工程文件	圆凳.blend
素材工程文件	无

微课视频

34

（1）使用简单的几何体模型制作出圆凳的基本形态。

（2）对圆凳模型的边角进行圆滑处理，增加模型的细节。

2.5.1 制作凳子面模型

（1）启动中文版Blender 3.6软件，将其中自带的立方体模型删除后，执行菜单栏"添加/网格/柱体"命令，如图2-39所示。

（2）在场景中创建一个圆柱体模型，如图2-40所示。

图2-39

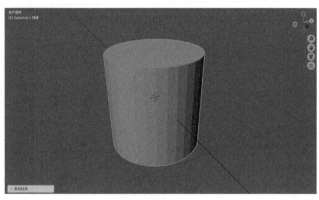

图2-40

（3）在"添加柱体"卷展栏中设置"深度"为0.3m，如图2-41所示。

（4）设置完成后，沿Z轴向上移动柱体的位置至图2-42所示。

图2-41

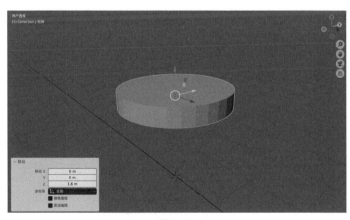

图2-42

（5）按Tab键，进入"编辑模式"，如图2-43所示。

（6）单击界面上方左侧的"面选择模式"按钮，如图2-44所示。

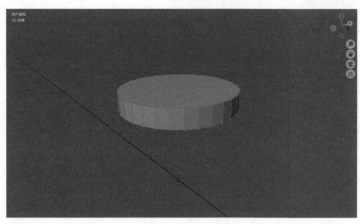

图2-43 图2-44

（7）在场景中选择柱体模型上图2-45所示的面。

（8）使用"倒角"工具制作出图2-46所示的模型效果。

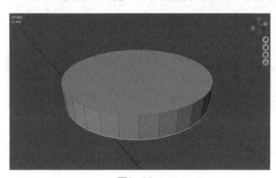

图2-45

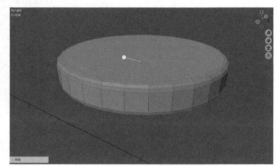

图2-46

 技巧与提示 在Blender软件中，加选对象需按住Shift键。

（9）再次按Tab键，退出"编辑模式"，进入"物体模式"。在"修改器"面板中添加"表面细分"修改器，并设置"视图层级"为2，如图2-47所示。

图2-47

技巧与提示 "表面细分"修改器添加完成后，在"修改器"面板中显示的名称为"细分"。

（10）添加完"表面细分"修改器后的凳子面模型显示效果如图2-48所示。

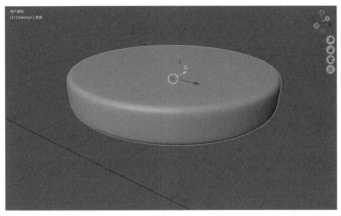

图2-48

（11）选择凳子面模型，单击鼠标右键并执行"平滑着色"命令，如图2-49所示，可以得到更加平面的模型显示效果。

（12）本实例制作完成后的凳子面模型如图2-50所示。

图2-49

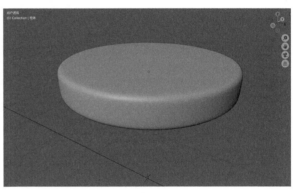

图2-50

 2.5.2 制作凳子腿模型

（1）执行菜单栏"添加/网格/立方体"命令，如图2-51所示。在场景中创建一个立方体模型，如图2-52所示。

图2-51

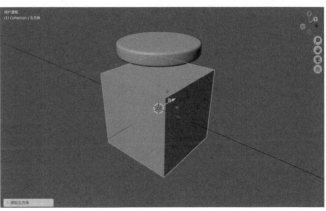

图2-52

（2）按Tab键，进入"编辑模式"，使用"缩放"工具调整立方体的形状至图2-53所示。

（3）按A键，选择立方体上的所有面，如图2-54所示。

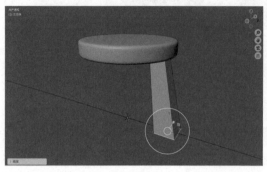

图2-53   图2-54

（4）使用"倒角"工具制作图2-55所示的模型效果。

（5）再次按Tab键，退出"编辑模式"，进入"物体模式"后，在"修改器"面板中添加"表面细分"修改器，并设置"视图层级"为2，如图2-56所示。

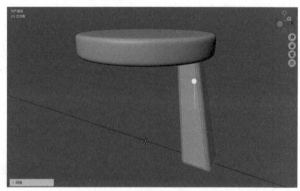

图2-55   图2-56

（6）在"修改器"面板中为立方体模型添加"镜像"修改器，如图2-57所示，制作出凳子腿模型结构。

（7）添加完"表面细分"和"镜像"修改器后的凳子腿模型显示效果如图2-58所示。

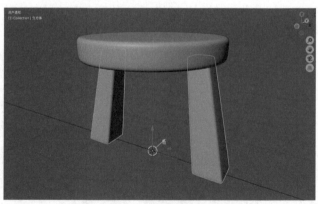

图2-57   图2-58

（8）选择凳子腿模型，依次按Shift+D组合键、R键、Z键，对所选模型进行复制并沿Z轴旋转，得到另一个方向上的凳子腿模型效果，如图2-59所示。

（9）在"复制物体"卷展栏中设置"角度"为90°，如图2-60所示。

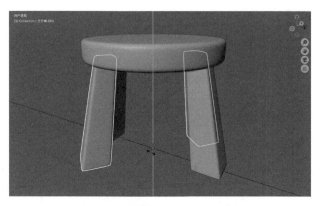

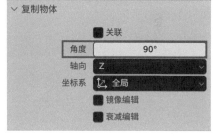

图2-59   图2-60

（10）将场景中构成圆凳的所有模型全部选中，单击鼠标右键并执行"转换到/网格"命令，如图2-61所示。

（11）再次单击鼠标右键并执行"合并"命令，如图2-62所示，将选中的模型合并为一个整体。

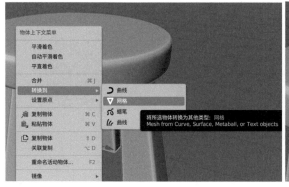

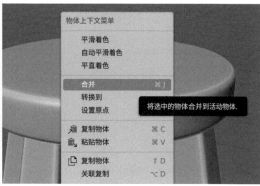

图2-61   图2-62

（12）本实例最终制作完成的模型效果如图2-63所示。

图2-63

2.6 课堂实例：制作杯子模型

本课堂实例主要讲解如何使用网格建模技术来制作高脚杯模型，本实例最终渲染效果如图2-64所示。

图2-64

效果工程文件	杯子.blend
素材工程文件	无

整体思路

（1）创建出杯子的剖面线条。
（2）使用"旋绕"工具制作出杯子模型。

操作步骤

（1）启动中文版Blender 3.6软件，如图2-65所示。
（2）按Tab键，进入"编辑模式"，选择图2-66所示的点。

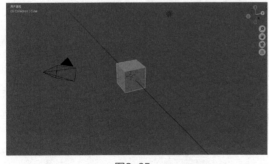 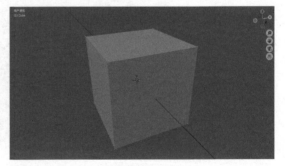

图2-65   图2-66

（3）按M键，在弹出的菜单中执行"合并/到中心"命令，如图2-67所示。

（4）这样，选择的顶点会合并为一个点，如图2-68所示。

图2-67 图2-68

（5）在"正交前视图"中选择顶点，多次按E键，对点进行挤出操作，制作出杯子模型的剖面线条，如图2-69所示。

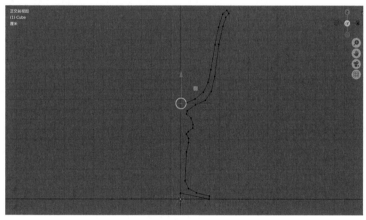

图2-69

（6）观察杯子底部的线条，如图2-70所示。可以使用"环切"工具来添加顶点，并使用"移动"工具调整顶点的位置至图2-71所示，制作出杯子底部的细节。

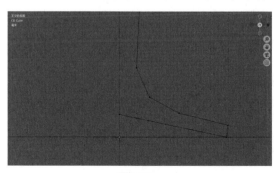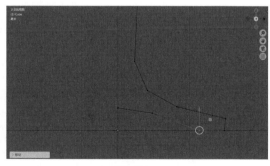

图2-70 图2-71

 多余的顶点可以按X键，执行"删除/融并顶点"命令来删除。

（7）选择所有顶点，如图2-72所示。

（8）使用"旋绕"工具制作出图2-73所示的模型效果。

图2-72 图2-73

（9）在"旋绕"卷展栏中设置"步数（阶梯）"为24，"角度"为360°，如图2-74所示。

（10）再次按Tab键，退出"编辑模式"，进入"物体模式"后，杯子模型的视图显示效果如图2-75所示。

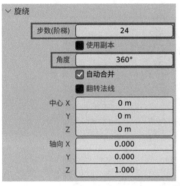

图2-74 图2-75

（11）在"修改器"面板中添加"表面细分"修改器，并设置"视图层级"为2，如图2-76所示。

（12）设置完成后，本实例最终制作完成的模型效果如图2-77所示。

图2-76 图2-77

 课堂实例：制作笔筒模型

本课堂实例主要讲解如何使用网格建模技术来制作一个镂空的笔筒模型，本实例的最终渲染效果如图2-78所示。

图2-78

效果工
程文件　　笔筒.blend

素材工
程文件　　无

整体思路

（1）使用柱体制作出笔筒的大概形状。

（2）使用"反细分"工具制作出笔筒的镂空效果。

操作步骤

（1）启动中文版Blender 3.6软件，将其中自带的立方体模型删除后，执行菜单栏"添加/网格/柱体"命令，如图2-79所示，在场景中创建一个圆柱体模型。

（2）在"添加柱体"卷展栏中设置"顶点"为64，"位置Z"为1，如图2-80所示。

图2-79

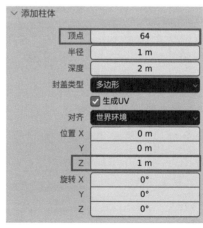

图2-80

（3）设置完成后，按Tab键，进入"编辑模式"，如图2-81所示。

（4）使用"环切"工具为柱体添加边线，如图2-82所示。

图2-81 图2-82

（5）在"环切并滑移"卷展栏中设置"切割次数"为18，如图2-83所示。设置完成后，柱体的视图显示效果如图2-84所示。

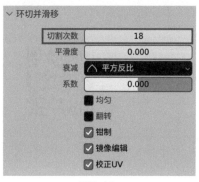

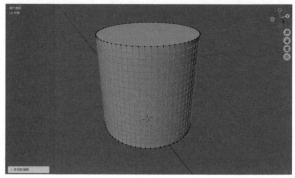

图2-83 图2-84

（6）选择图2-85所示的面，按X键，并执行"删除/面"命令，得到图2-86所示的模型效果。

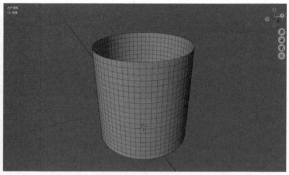

图2-85 图2-86

（7）选择图2-87所示的面，多次使用"内插面"工具制作出图2-88所示的模型结果。

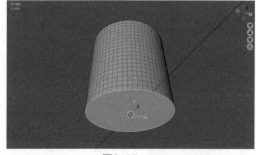

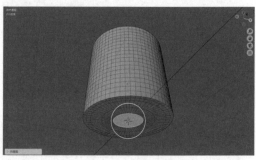

图2-87 图2-88

（8）单击鼠标右键，在弹出的快捷菜单中执行"尖分面"命令，如图2-89所示，得到图2-90所示的模型效果。

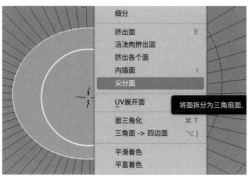

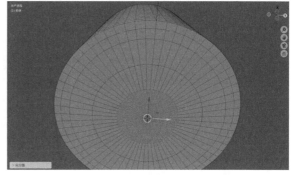

图2-89　　　　　　　　　　　　　　　　　　　图2-90

（9）按Shift+Z组合键，将视图着色方式切换至线框显示状态，如图2-91所示。

（10）在"正交前视图"中选择图2-92所示的面。

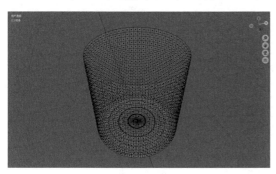

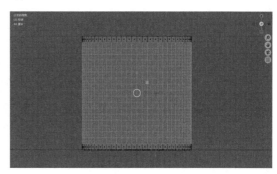

图2-91　　　　　　　　　　　　　　　　　　　图2-92

（11）单击鼠标右键并执行"反细分"命令，如图2-93所示。

（12）在"反细分"卷展栏中设置"迭代"为1，如图2-94所示，得到图2-95所示的模型效果。

图2-93

图2-94

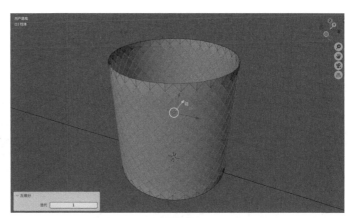

图2-95

（13）对选择的面使用"内插面"工具，在"内插面"卷展栏中设置"厚（宽）度"为0.02m，勾选"各面"复选框，如图2-96所示，制作出图2-97所示的模型效果。

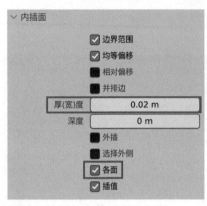

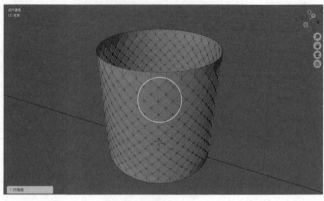

图2-96   图2-97

（14）按X键，在弹出的菜单中执行"删除/面"命令，如图2-98所示，得到图2-99所示的模型效果。

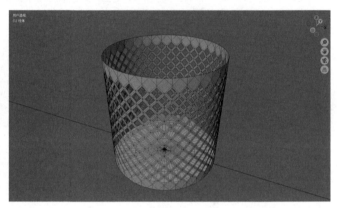

图2-98   图2-99

（15）再次按Tab键，退出"编辑模式"，进入"物体模式"后，在"修改器"面板中添加"实体化"修改器，设置"厚（宽）度"为0.03m，勾选"均衡厚度"复选框，如图2-100所示。

（16）在"修改器"面板中为笔筒模型添加"表面细分"修改器，并设置"视图层级"为2，如图2-101所示。

图2-100   图2-101

（17）设置完成后，本实例最终制作完成的模型效果如图2-102所示。

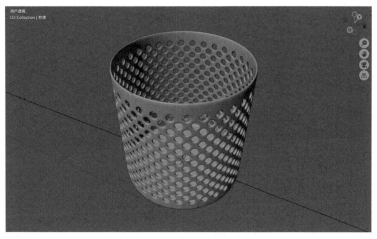

图2-102

2.8 课堂实例：制作马克笔模型

本课堂实例主要讲解如何使用网格建模技术来制作马克笔模型，本实例的最终渲染效果如图2-103所示。

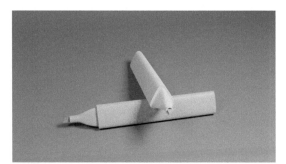 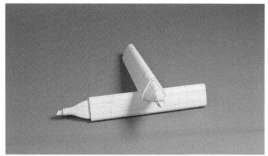

图2-103

效果工程文件	马克笔.blend
素材工程文件	无

微课视频

 整体思路

（1）使用柱体制作出马克笔的大概形状。

（2）刻画马克笔笔头的细节。

操作步骤

2.8.1 制作马克笔笔身模型

（1）启动中文版Blender 3.6软件，将其中自带的立方体模型删除后，执行菜单栏"添加/网格/柱体"命令，如图2-104所示，在场景中创建一个圆柱体模型。

（2）在"添加柱体"卷展栏中设置"顶点"为3，如图2-105所示。

图2-104

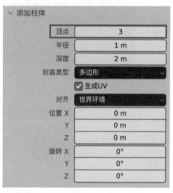

图2-105

（3）设置完成后，按Tab键，进入"编辑模式"，如图2-106所示。

（4）选择图2-107所示的边线，使用"倒角"工具对其进行调整。

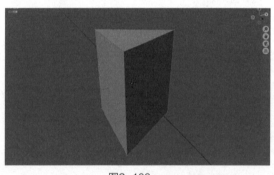

图2-106

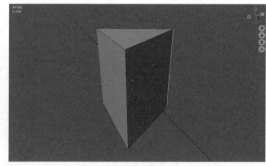

图2-107

（5）在"倒角"卷展栏中设置"宽度"为0.5m，"段数"为3，如图2-108所示，制作出图2-109所示的模型效果。

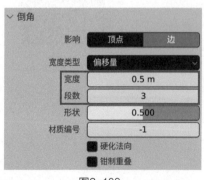

图2-108

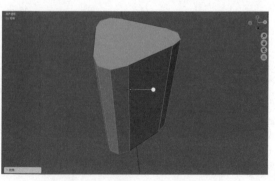

图2-109

Blender三维设计案例教程（全彩微课版）

（6）选择图2-110所示的面，使用"移动"工具调整其位置至图2-111所示，制作出马克笔笔身的长度。

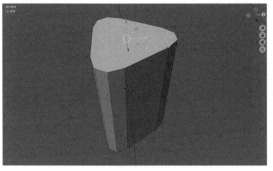

图2-110

图2-111

（7）选择马克笔底部的面，如图2-112所示，使用"倒角"工具进行调整。

（8）在"倒角"卷展栏中设置"宽度"为0.05m，"段数"为3，如图2-113所示，制作出图2-114所示的模型效果。

（9）选择马克笔笔头位置处的面，如图2-115所示，使用"内插面"工具进行调整。

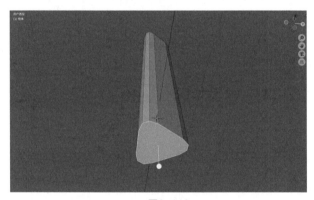

图2-112

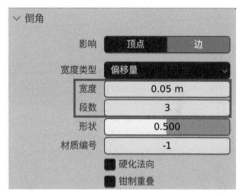

图2-113

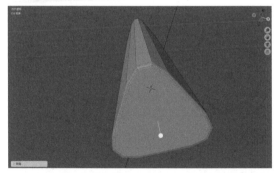

图2-114

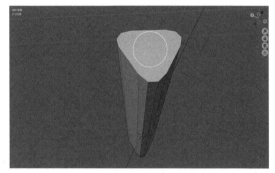

图2-115

（10）在"内插面"卷展栏中设置"厚（宽）度"为0.12m，如图2-116所示，制作出图2-117所示的模型效果。

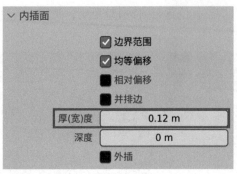

内插面

☑ 边界范围

☑ 均等偏移

■ 相对偏移

■ 并排边

厚(宽)度　　　0.12 m

深度　　　0 m

■ 外插

图2-116

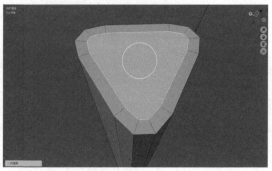

图2-117

（11）按E键，对选择的面进行挤出，制作出图2-118所示的模型效果。

（12）选择图2-119所示的边线，使用"倒角"工具制作出图2-120所示的模型效果。

（13）再次按Tab键，退出"编辑模式"，马克笔笔身模型的完成效果如图2-121所示。

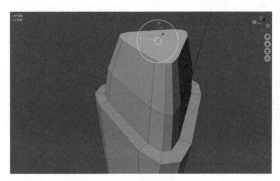

图2-118

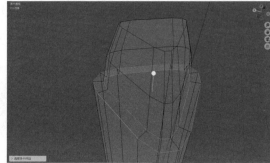

图2-119

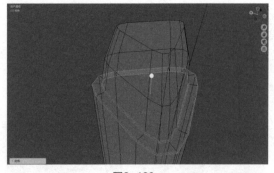

图2-120

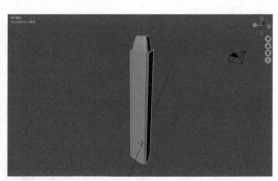

图2-121

2.8.2　制作马克笔笔头模型

（1）执行菜单栏"添加/网格/柱体"命令，在场景中再次创建一个柱体模型，如图2-122所示。

（2）在"添加柱体"卷展栏中设置"顶点"为12，"半径"为0.2m，"深度"为0.5m，如图2-123所示。

（3）设置完成后，调整柱体的位置至

图2-122

图2-124所示。

（4）选择场景中的两个模型，单击鼠标右键并执行"合并"命令，如图2-125所示，将两个模型合并为一个模型。

（5）按Tab键，进入"编辑模式"，选择图2-126所示的两个面。

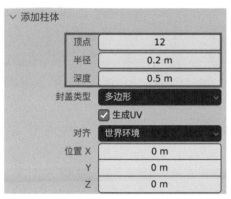

图2-123

图2-124

图2-125

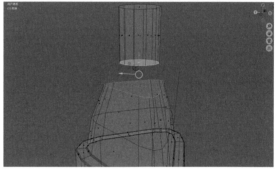

图2-126

（6）执行菜单栏"边/桥接循环边"命令，如图2-127所示，制作出图2-128所示的模型效果。

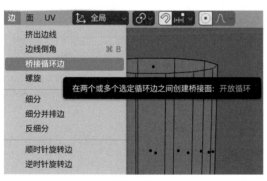

图2-127

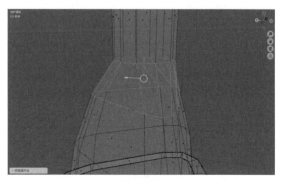

图2-128

（7）选择图2-129所示的面，在"正交顶视图"中使用"旋转"工具调整其角度至图2-130所示。

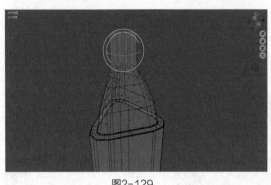

图2-129	图2-130

（8）选择图2-131所示的面，使用"内插面"和"挤出"工具制作出笔头位置处的细节，如图2-132所示。

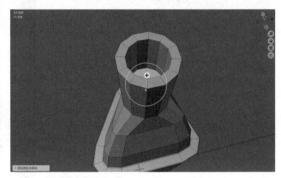

图2-131	图2-132

（9）选择图2-133所示的边线，使用"倒角"工具对其进行倒角，制作出图2-134所示的模型效果。

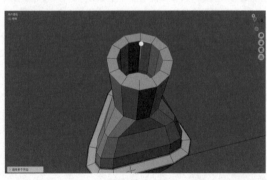
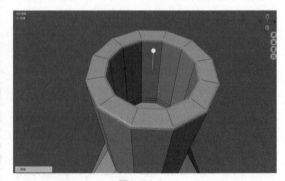

图2-133	图2-134

（10）再次按Tab键，退出"编辑模式"，为马克笔模型添加"表面细分"修改器，并设置"视图层级"为2，如图2-135所示。

（11）马克笔笔身模型制作完成的效果如图2-136所示。

（12）执行菜单栏"添加/网格/立方体"命令，在场景中创建一个立方体模型，如图2-137所示。

（13）按Tab键，进入"编辑模式"，调整立方体模型的顶点位置至图2-138所示，制作出马克笔的笔尖模型。

图2-135

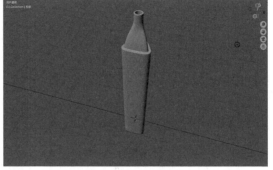

图2-136

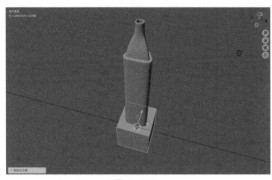

图2-137

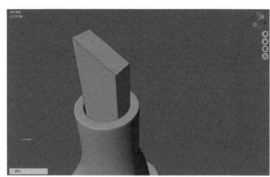

图2-138

（14）按A键，选择笔尖模型上的所有边线，如图2-139所示。使用"倒角"工具制作图2-140所示的模型效果。

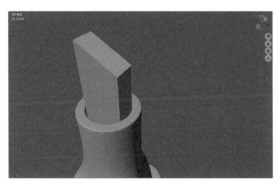

图2-139

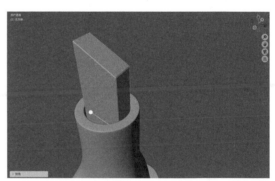

图2-140

（15）再次按Tab键，退出"编辑模式"，本实例最终制作完成的模型效果如图2-141所示。

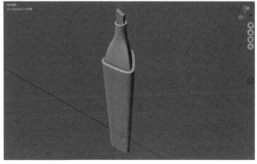

图2-141

课后习题：制作汤匙模型

本课后习题主要讲解如何使用网格建模技术来制作一个汤匙模型，本课后习题的最终渲染效果如图2-142所示。

图2-142

效果工程文件	汤匙.blend
素材工程文件	无

微课视频

整体思路

（1）使用经纬球制作出汤匙的大概形状。
（2）使用"挤出"工具制作出汤匙手柄结构。

制作要点

第1步：启动中文版Blender 3.6软件，将其中自带的立方体模型删除后，执行菜单栏"添加/网格/经纬球"命令，在场景中创建一个球体模型，如图2-143所示。

第2步：使用"缩放"工具调整球体的形状至图2-144所示，制作出汤匙的大概形状。

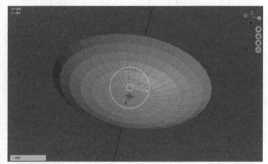

图2-143   图2-144

Blender三维设计案例教程（全彩微课版）

第3步：多次按E键，使用"挤出"工具制作出汤匙的手柄部分，如图2-145所示。

第4步：退出"编辑模式"，进入"物体模式"后，在"修改器"面板中添加"实体化"修改器，制作出汤匙模型的厚度，如图2-146所示。

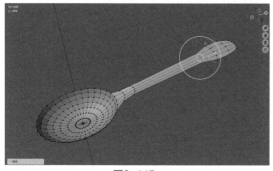
图2-145

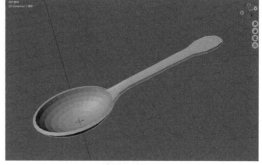
图2-146

第5步：为汤匙模型添加"表面细分"修改器，并设置"视图层级"为2，如图2-147所示。

第6步：选择汤匙模型，单击鼠标右键并执行"平滑着色"命令，如图2-148所示，得到更加平面的模型显示效果。

图2-147

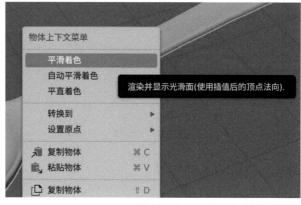
图2-148

第7步：设置完成后，本实例最终制作完成的模型效果如图2-149所示。

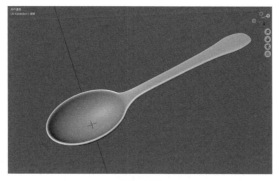
图2-149

第 3 章　曲线建模

本章导读

本章将介绍中文版Blender 3.6的曲线建模技术，以较为典型的实例详细讲解常用曲线建模的思路，以及相关工具的使用方法。本章非常重要，请读者务必认真学习。

学习要点

- ❖ 了解曲线建模的思路
- ❖ 掌握曲线建模技术
- ❖ 学习创建细节丰富的模型

3.1 曲线建模概述

中文版Blender 3.6软件提供了一种使用曲线图形来创建模型的方式。在制作某些特殊造型的模型时，使用曲线建模技术会使建模过程非常简便，而且模型的完成效果也很理想。使用曲线建模技术制作的晾衣架模型如图3-1所示。

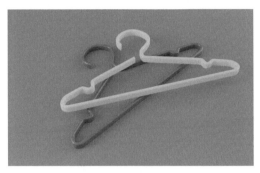

图3-1

3.2 创建曲线

执行菜单栏"添加/曲线"命令，可以看到Blender提供的多种基本曲线的创建命令，如图3-2所示。

图3-2

3.2.1 贝塞尔曲线

执行菜单栏"添加/曲线/贝塞尔曲线"命令，即可在场景中创建一条贝塞尔曲线，如图3-3所示。

在"添加贝塞尔曲线"卷展栏中，其参数设置如图3-4所示。

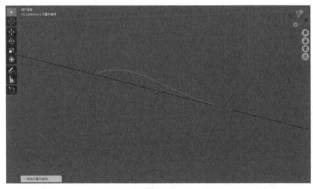

图3-3

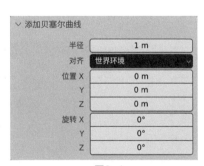

图3-4

工具解析

半径：设置贝塞尔曲线的半径。

对齐：设置生成曲线的初始对齐方式。

位置X/Y/Z：曲线的初始位置。

旋转X/Y/Z：曲线的初始方向。

3.2.2 圆环

执行菜单栏"添加/曲线/圆环"命令，即可在场景中创建一条圆环形状的曲线，如图3-5所示。在"添加贝塞尔圆"卷展栏中，其参数设置如图3-6所示。

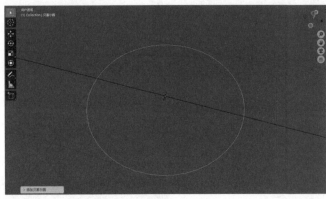

图3-5   图3-6

工具解析

半径：设置贝塞尔圆的半径。

对齐：设置生成曲线的初始对齐方式。

位置X/Y/Z：曲线的初始位置。

旋转X/Y/Z：曲线的初始方向。

3.2.3 NURBS曲线

执行菜单栏"添加/曲线/NURBS曲线"命令，即可在场景中创建一条NURBS曲线，如图3-7所示。

在"添加NURBS曲线"卷展栏中，其参数设置如图3-8所示。

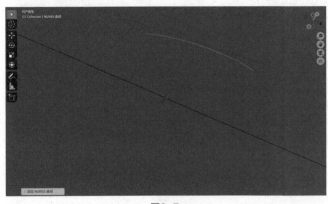
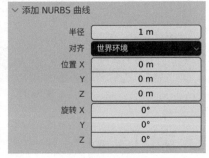

图3-7   图3-8

技巧与提示 NURBS曲线的参数设置与贝塞尔曲线的参数设置基本一样，故不再重复讲解。

3.2.4 Fur

选择网格对象后，执行菜单栏"添加/曲线/Fur"命令，即可在场景中为选择的网格对象表面生成毛发，如图3-9所示。

在"快速毛发"卷展栏中，其参数设置如图3-10所示。

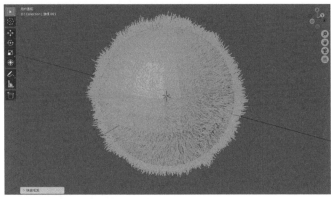

图3-9

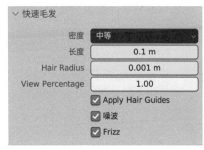

图3-10

工具解析

密度：用于控制毛发的生长密度。

长度：设置毛发的长度。

Hair Radius（毛发半径）：控制毛发的粗细，该值分别为0.01和0.1时的渲染效果对比如图3-11所示。

View Percentage（查看百分比）：在视图中控制毛发的显示数量百分比。

Apply Hair Guides（应用毛发辅助线）：设置毛发是否应用毛发辅助线。

噪波：设置毛发是否应用噪波效果。

Frizz（卷曲）：设置毛发是否应用卷曲效果。

图3-11

3.3 课堂实例：制作曲别针模型

本课堂实例主要讲解如何使用贝塞尔曲线来制作曲别针模型，本实例的最终渲染效果如图3-12所示。

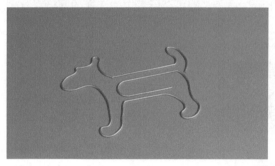 

图3-12

效果工程文件　曲别针.blend

素材工程文件　无

整体思路

（1）使用贝塞尔曲线制作出曲别针的形状。
（2）调整曲线的粗细。

操作步骤

（1）启动中文版Blender 3.6软件，将其中自带的立方体模型删除后，执行菜单栏"添加/曲线/贝塞尔曲线"命令，如图3-13所示。
（2）在场景中创建一条贝塞尔曲线，如图3-14所示。

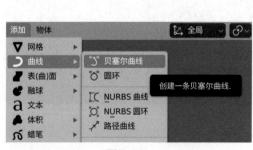 

图3-13　　　　　　　　　　　　图3-14

（3）在"正交顶视图"中按Tab键，进入"编辑模式"，如图3-15所示。

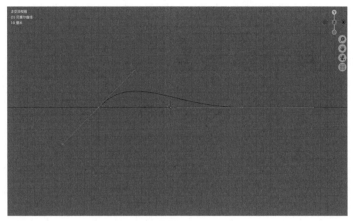

图3-15

（4）框选所有顶点，单击鼠标右键并执行"设置控制柄类型/矢量"命令，如图3-16所示。

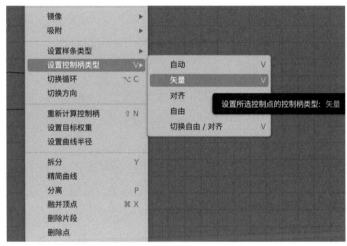

图3-16

（5）选择右侧的顶点，多次按E键并移动顶点的位置，绘制出小狗曲别针的形状至图3-17所示。

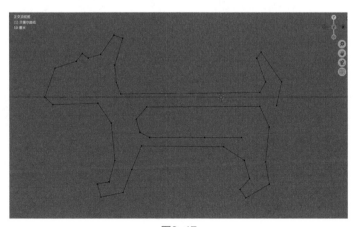

图3-17

（6）单击"叠加"下拉列表，设置"控制柄"为"全部"，如图3-18所示。

（7）设置完成后，可以看到贝塞尔曲线上的所有顶点控制柄，如图3-19所示。

（8）选择图3-20所示的顶点。

图3-18

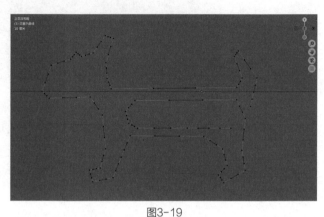

图3-19

图3-20

（9）单击鼠标右键并执行"设置控制柄类型/矢量"命令，如图3-21所示。

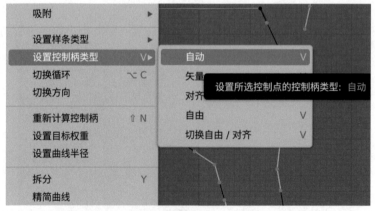

图3-21

（10）接下来可以调整顶点控制柄的位置来改变曲线的弧度，如图3-22所示。

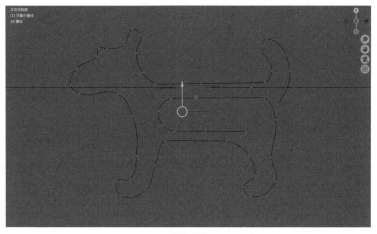

图3-22

（11）再次按Tab键，退出"编辑模式"。在"数据"面板中展开"几何数据"卷展栏，设置"挤出"为0.005m，"深度"为0.01m，勾选"封盖"复选框，如图3-23所示。

（12）设置完成后，本实例最终制作完成的模型效果如图3-24所示。

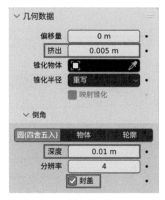

图3-23

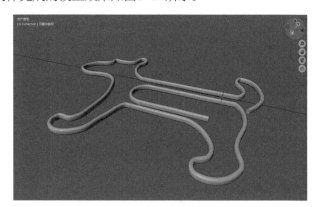

图3-24

3.4 课堂实例：制作瓶子模型

本课堂实例主要讲解如何使用NURBS曲线来制作瓶子模型，本实例的最终渲染效果如图3-25所示。

图3-25

效果工程文件	瓶子.blend
素材工程文件	无

微课视频

整体思路

（1）使用NURBS曲线制作出瓶子剖面。
（2）使用修改器制作出瓶子模型。

操作步骤

（1）启动中文版Blender 3.6软件，将其中自带的立方体模型删除后，执行菜单栏"添加/曲线/NURBS曲线"命令，如图3-26所示。

（2）在"添加NURBS曲线"卷展栏中设置"旋转Y"为90°，如图3-27所示。

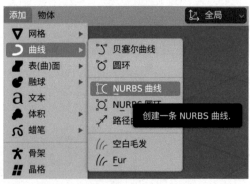

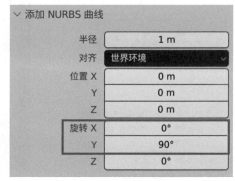

图3-26

图3-27

（3）设置完成后，NURBS曲线的视图显示效果如图3-28所示。

（4）在"正交右视图"中按Tab键，进入"编辑模式"，如图3-29所示。

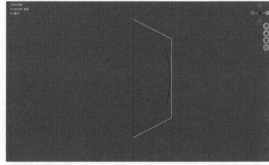

图3-28

图3-29

（5）选择NURBS曲线上任意一侧的顶点，连续按E键，并调整顶点的位置至图3-30所示，制作出瓶子的剖面曲线。

使用NURBS曲线制作模型的思路与使用贝塞尔曲线制作模型的思路基本一样，但是这两种曲线的绘制技巧及相关命令有很大不同，读者学习完本节实例后应仔细思考两者在绘制曲线时的不同之处。在本节对应的视频教学中，详细讲解了如何添加顶点，以及删除顶点方面的操作技巧。

（6）再次按Tab键，退出"编辑模式"，瓶子剖面曲线的视图显示效果如图3-31所示。

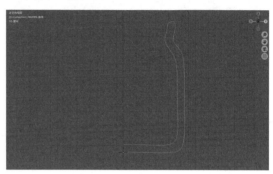

图3-30 图3-31

（7）在"修改器"面板中为绘制好的曲线添加"螺旋"修改器。设置"轴向"为X，"视图步长"为36，勾选"合并"复选框，如图3-32所示。

（8）设置完成后，瓶子模型的视图显示效果如图3-33所示。

图3-32

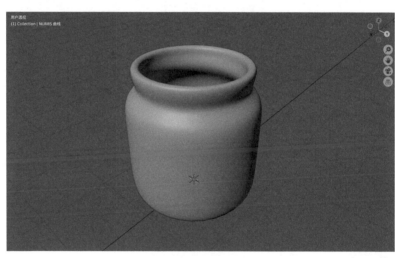

图3-33

（9）使用同样的操作步骤在"正交右视图"中绘制出瓶盖的剖面曲线，如图3-34所示。

（10）先选择瓶盖曲线，按住Shift键加选瓶子模型，执行菜单栏"物体/关联传递数据/复制修改器"命令，将瓶子模型上添加的修改器复制粘贴到瓶盖曲线上，如图3-35所示。

（11）本实例最终制作完成的模型效果如图3-36所示。

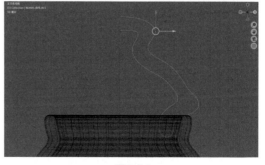

图3-34

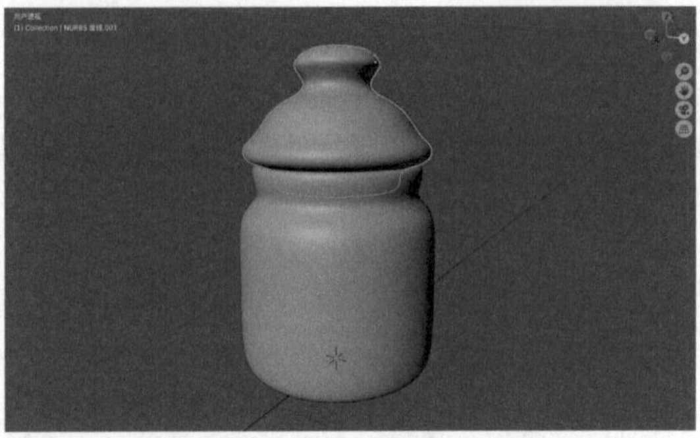

图3-35

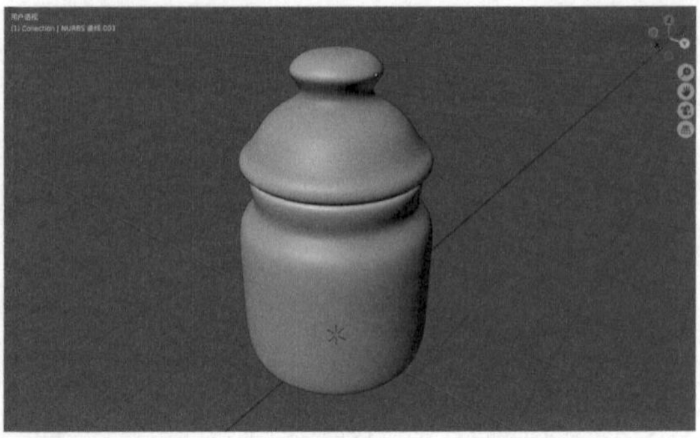

图3-36

3.5 课后习题：制作铁链模型

本课后习题主要练习如何使用曲线建模技术来制作铁链模型，本课后习题的最终渲染效果如图3-37所示。

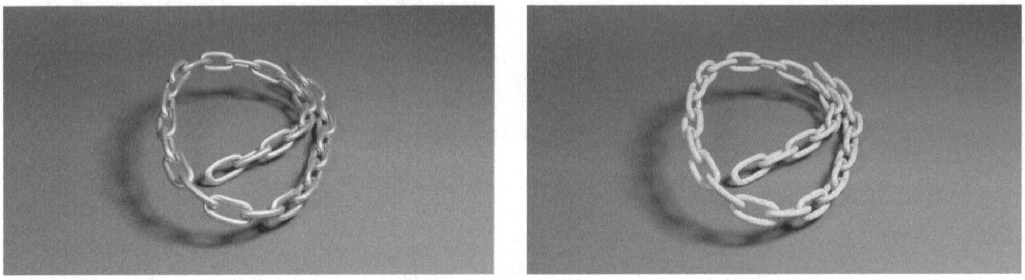

图3-37

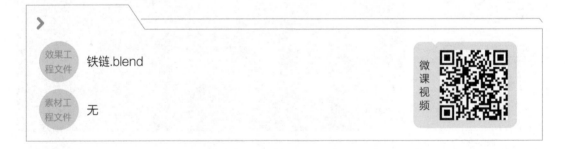

效果工程文件　铁链.blend

素材工程文件　无

微课视频

整体思路

（1）使用圆环制作出单体铁链模型。
（2）使用“阵列”修改器制作一截直的铁链模型。
（3）使用“曲线”修改器制作一截弯曲的铁链模型。

制作要点

第1步：启动中文版Blender 3.6软件，将其中自带的立方体模型删除后，执行菜单栏“添加/曲线/圆环”命令，在场景中创建一个圆形图形，如图3-38所示。

第2步：在“编辑模式”中使用“缩放”工具调整圆形图形的形状至图3-39所示。

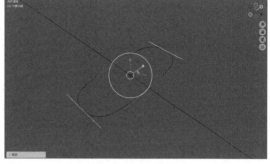

图3-38　　　　　　　　　　　　　　　　　　　　　　图3-39

第3步：为圆形图形设置"深度"值，制作出铁链单体模型，如图3-40所示。

第4步：执行菜单栏"添加/空物体/纯轴"命令。在场景中创建一个名称为"空物体"的纯轴，如图3-41所示。

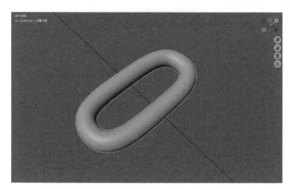

图3-40

图3-41

第5步：选择环体模型，在"修改器"面板中，为其添加"阵列"修改器，设置"数量"为20，"系数X"为0，"系数Y"为0.6，勾选"物体偏移"，设置"物体"为场景中名称为"空物体"的纯轴，如图3-42所示。

第6步：设置完成后，铁链模型的视图显示效果如图3-43所示。

图3-42

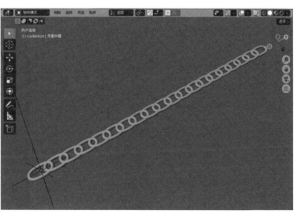

图3-43

第7步：选择纯轴，对其进行90度旋转，制作出如图3-44所示的铁链模型效果。

第8步：在场景中绘制一条NURBS曲线，如图3-45所示，作为铁链的弯曲路径。

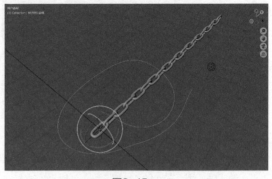

图3-44   图3-45

第9步：选择铁链模型，在"修改器"面板中为其添加"曲线"修改器，设置"曲线物体"为"NURBS曲线"，"形变轴"为Y，如图3-46所示。

第10步：本实例最终制作完成的铁链模型效果如图3-47所示。

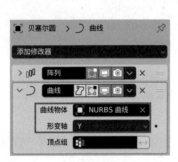

图3-46

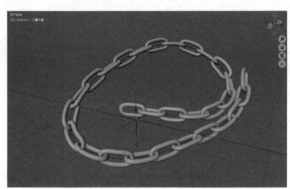

图3-47

第 **4** 章　雕刻建模

本章导读

　　本章将介绍中文版Blender 3.6的雕刻建模技术，以较为典型的实例详细讲解常用雕刻建模工具的使用方法。本章非常重要，请读者务必认真学习。

学习要点

- ❖ 了解雕刻建模的思路
- ❖ 掌握雕刻建模技术
- ❖ 学习创建细节丰富的模型

4.1 雕刻建模概述

中文版Blender软件供了多种雕刻工具用来帮助用户在软件中制作细节丰富的模型效果。用户可以先使用网格建模技术制作出模型的大概形状后，再切换至"雕刻模式"使用雕刻工具来细化模型；也可以在启动Blender新建文件时，直接选择创建一个雕刻文件，如图4-1所示。这样，我们可以看到Blender自动在新建文件时创建一个球体模型，而不是立方体模型，如图4-2所示。

图4-1

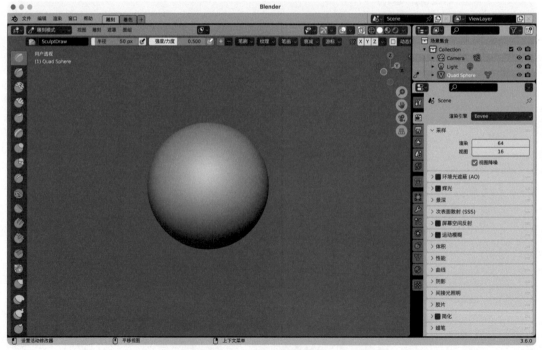

图4-2

常用雕刻工具

选择"雕刻模式"后，软件界面左侧的工具栏会自动显示与雕刻有关的笔刷工具图标，下面介绍其中较为常用的笔刷工具。

自由线：根据曲面的方向来向内或向外推动模型的面。

显示锐边：与自由线接近，用于在曲面上绘制出更加尖锐的面结构。

黏塑：与自由线接近，用于在曲面上绘制较为平坦的面结构。

黏条：用于在曲面上绘制出由连续方形组成的面结构。

指推：用于在曲面上像使用手指推动一样来推动模型的面。

层次：用于在曲面上以均匀的强度来推动模型的表面。

膨胀：用于在曲面上绘制出膨胀或收缩的模型效果。

球体：用于在曲面上绘制由连续球形组成的面结构。

折痕：用于在曲面上绘制较为尖锐的折痕效果。

光滑：用于平滑曲面上的结构。

平化：用于推平曲面。

填充：以向外推面的方式来填充凹陷的地方。

刮削：用来刮去曲面上凸起的地方。

多平面刮削：同时使用两个倾斜的平面来刮削曲面，并形成锋利凸起的边缘。

夹捏：以夹捏的方式把顶点拉向笔刷的中心。

抓起：使用笔刷抓起曲面上的顶点。

弹性变形：与抓起接近，以更加平滑的方式移动曲面上的顶点。

蛇形钩：用于揪起顶点。

拇指：推动曲面上的顶点。

姿态：用于立体旋转笔刷覆盖的表面区域。

推移：推动曲面。

旋转：根据笔刷中心点的位置来旋转笔刷覆盖的曲面。

滑动松弛：对面较为密集的区域进行松弛。

边界范围：用于变换网格的边界。

布料：用于在曲面上快速绘制布料褶皱。

简化：用于清理短边区域的网格。

遮罩：绘制出遮罩的区域。

绘制面组：在曲面上绘制面组。

多精度置换橡皮擦：删除曲面上顶点的置换效果。

多精度置换涂抹：以涂抹的方式更改曲面上顶点的置换效果。

绘制：在曲面上绘制颜色。

涂抹：对绘制的颜色进行抹除。

框选遮罩：以框选的方式选择遮罩的区域。

框选隐藏：在曲面上隐藏被框选的区域。

框选面组：以框选的方式设置面组。

框选修剪：以框选的方式修剪模型。

线投影：将曲面上顶点的位置投影到线上。

网格滤镜：膨胀/挤压曲面。

布料滤镜：在膨胀/挤压曲面时模拟出布料褶皱效果。

色彩滤镜：清除色彩。

编辑面组：扩大面组的区域。

按颜色遮罩：根据绘制出来的颜色来进行遮罩。

4.3 课堂实例：雕刻石块模型

本课堂实例主要讲解如何使用网格建模技术来制作石块的大概形体，再通过雕刻的方式来增加细节。本实例的最终渲染效果如图4-3所示。

图4-3

效果工程文件	石块.blend
素材工程文件	无

微课视频

整体思路

（1）制作出石块的基本形状。

（2）使用合适的工具雕刻出石块的细节。

操作步骤

4.3.1 制作石头模型

（1）启动中文版Blender 3.6软件，选择其中自带的立方体模型，按Tab键，进入"编辑模式"，如图4-4所示。

（2）使用"移动"工具调整模型侧面的位置至图4-5所示，制作出石块模型的长度。

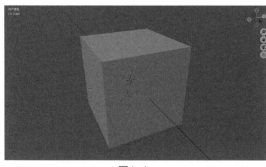

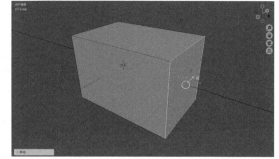

图4-4　　　　　　　　　　　　　　　图4-5

（3）使用"环切"工具为石块模型添加边线，如图4-6和图4-7所示。

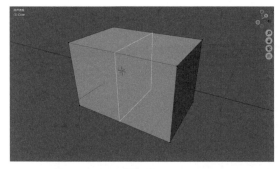

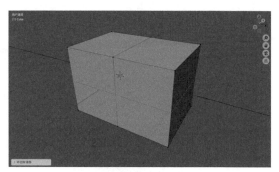

图4-6　　　　　　　　　　　　　　　图4-7

（4）选择图4-8所示的面，使用"挤出"工具制作出图4-9所示的模型效果。

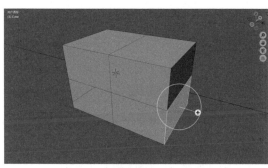

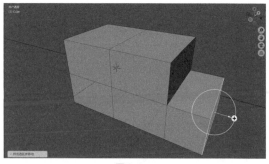

图4-8　　　　　　　　　　　　　　　图4-9

（5）选择图4-10所示的面，使用"挤出"工具制作出图4-11所示的模型效果。

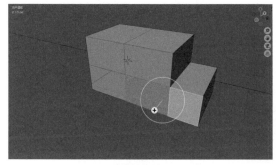

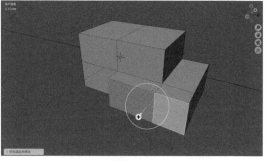

图4-10　　　　　　　　　　　　　　图4-11

（6）再次按Tab键，退出"编辑模式"，石块模型的视图显示效果如图4-12所示。

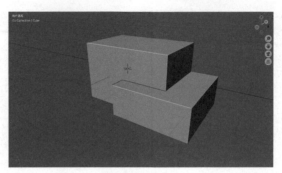

图4-12

（7）在"修改器"面板中添加"简易形变"修改器，单击"Taper"（锥化）按钮，设置"系数"为-0.6，"轴向"为Z，如图4-13所示。

（8）设置完成后，石块模型的视图显示效果如图4-14所示。

图4-13

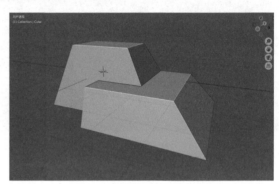

图4-14

4.3.2 雕刻石块模型

（1）将"物体模式"切换至"雕刻模式"，如图4-15所示。

（2）按Shift+Z组合键，将视图的显示方式切换至"线框"显示状态，如图4-16所示。可以看到石块模型的面非常少。

（3）单击面板上方右侧的"重构网格"选项，设置"体素大小"为0.02m，单击下方的"重构网格"按钮，如图4-17所示。

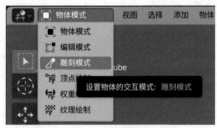

图4-15

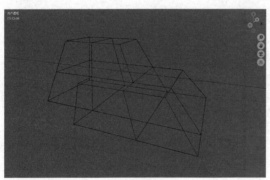

图4-16

图4-17

（4）设置完成后，可以看到现在石块模型的面增加了许多，如图4-18所示。

（5）使用"刮削"笔刷对石块的边缘处反复进行绘制，刮掉石块的边缘，如图4-19和图4-20所示。

（6）使用"框选遮罩"工具选择图4-21所示的面。

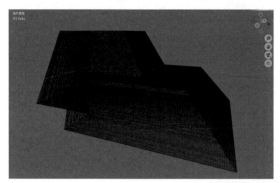

图4-18

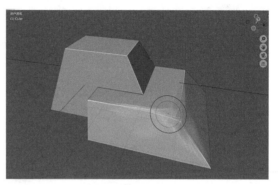

图4-19

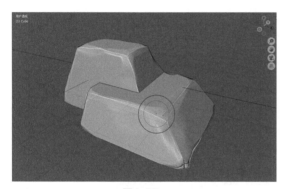

图4-20

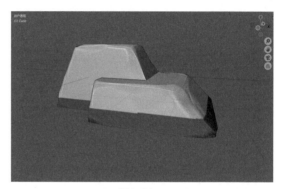

图4-21

（7）使用"抓起"笔刷调整未被遮罩部分的位置至图4-22所示。

（8）再次使用"框选遮罩"工具选择图4-23所示的面。

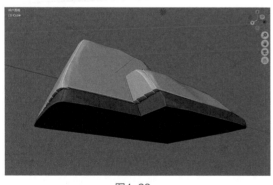

图4-22

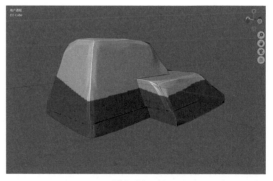

图4-23

（9）使用"抓起"笔刷调整未被遮罩部分的位置至图4-24所示。

（10）按Ctrl键，使用"框选遮罩"工具取消遮罩效果，石块模型的雕刻效果如图4-25所示。

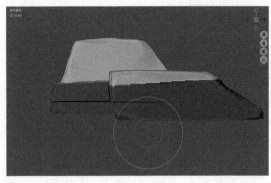
图4-24

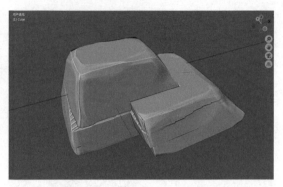
图4-25

4.4 课堂实例：雕刻沙发凳模型

本课堂实例主要讲解如何使用网格建模技术来制作出沙发凳的大概形状，再通过雕刻的方式来增加布料褶皱细节。本实例的最终渲染效果如图4-26所示。

图4-26

效果工程文件	沙发凳.blend	微课视频
素材工程文件	无	

 整体思路

（1）制作出沙发凳的基本形态。
（2）使用合适的工具雕刻出布料褶皱细节。

![操作步骤]

4.4.1 制作沙发凳模型

（1）启动中文版Blender 3.6软件，将其中自带的立方体模型删除后，执行菜单栏"添加/网格/平面"命令，如图4-27所示，在场景中创建一个平面模型。

（2）按Tab键，进入"编辑模式"，使用"环切"工具为平面模型添加边线，如图4-28所示。

图4-27

图4-28

（3）使用"移动"工具调整平面模型的顶点位置至图4-29所示，制作出沙发凳的大概形状。

（4）继续使用"移动"工具和"缩放"工具调整平面模型顶点位置至图4-30所示，制作出沙发凳的扶手细节。

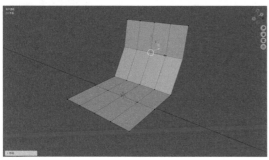

图4-29

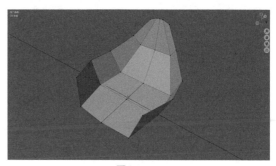

图4-30

（5）再次按Tab键，退出"编辑模式"，在"修改器"面板中添加"实体化"修改器，设置"厚（宽）度"为-0.2m，"轴向"为Z，如图4-31所示。

（6）选择沙发凳模型，单击鼠标右键并执行"转换到/网格"命令，如图4-32所示。

图4-31

图4-32

（7）按Tab键，进入"编辑模式"，使用"环切"工具为平面模型添加边线，如图4-33所示。

（8）再次按Tab键，退出"编辑模式"，在"修改器"面板中添加"表面细分"修改器，设置"视图层级"为2，如图4-34所示。

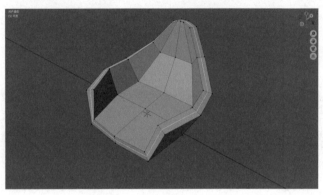

图4-33

图4-34

（9）选择沙发凳模型，再次单击鼠标右键并执行"转换到/网格"命令。然后按Tab键，进入"编辑模式"，选择图4-35所示的边线。

（10）使用"倒角"工具制作图4-36所示的模型效果。

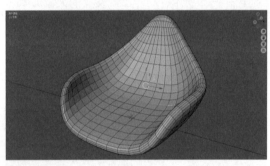

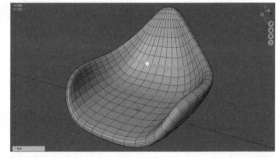

图4-35

图4-36

（11）保持以上这些面处于选中状态，按Tab键，退出"编辑模式"，在"修改器"面板中再次添加"表面细分"修改器，设置"视图层级"为2，如图4-37所示。

（12）选择沙发凳模型，再次单击鼠标右键并执行"转换到/网格"命令，得到图4-38所示的模型效果。

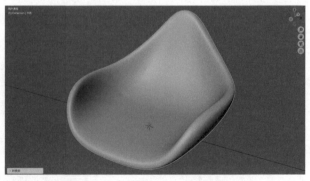

图4-37

图4-38

4.4.2 雕刻褶皱细节

（1）在"雕刻模式"中执行菜单栏"面组/从编辑模式选中项创建面组"命令，如图4-39所示。

（2）创建面组完成后，面组的视图显示效果如图4-40所示。接下来准备使用"布料滤镜"笔刷进行褶皱雕刻。

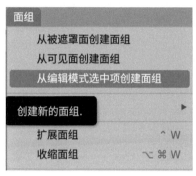

图4-39

图4-40

编辑面组可以按Ctrl+W组合键，当鼠标指针放置于面组面上时为扩展面组，当鼠标指针放置于非面组的面上时为收缩面组，当鼠标指针没有放到模型上时，该组合键不起作用。

此外，面组的显示颜色为随机效果。

（3）在"活动工具"卷展栏中设置"过滤类型"为"膨胀"，勾选"使用面组"复选框，如图4-41所示。

（4）将鼠标指针放置于紫色面组的面上，按住鼠标左键向左侧缓缓拖动鼠标，制作图4-42所示的模型效果。

图4-41

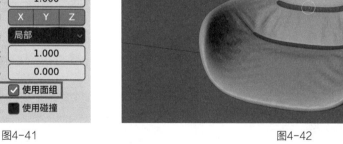

图4-42

（5）将鼠标指针放置于非面组的面上，按住鼠标左键向右侧缓缓拖动鼠标，制作图4-43所示的模型效果。

（6）回到"物体模式"后，在"修改器"面板中再次添加"表面细分"修改器，设置"视图层级"为2，如图4-44所示。

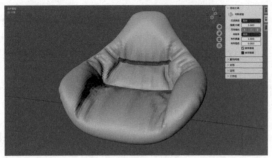

图4-43　　　　　　　　　　　　　　　　图4-44

（7）本实例制作出的沙发垫模型如图4-45所示。

（8）执行菜单栏"添加/网格/柱体"命令，如图4-46所示，在场景中创建一个圆柱体模型。

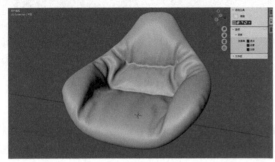

图4-45　　　　　　　　　　　　　　　　图4-46

（9）按Tab键，进入"编辑模式"，调整柱体模型的大小和位置至图4-47所示，制作出沙发凳腿模型。

（10）在"修改器"面板中为沙发凳腿模型添加"镜像"修改器，并单击"轴向"的X和Y按钮，如图4-48所示，得到图4-49所示的模型效果。

（11）本实例最终制作完成的模型效果如图4-50所示。

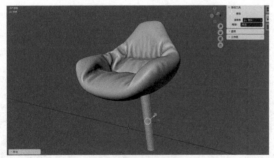

图4-47　　　　　　　　　　　　　　　　图4-48

图4-49　　　　　　　　　　　　　　　　图4-50

4.5 课后习题：雕刻坐垫模型

在本课后习题中，将使用雕刻工具制作一个方形的坐垫模型。本课后习题的最终渲染效果如图4-51所示。

 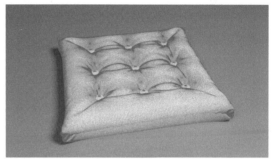

图4-51

效果工程文件	坐垫.blend
素材工程文件	无

微课视频

整体思路

（1）制作坐垫的大概形状。
（2）使用合适的工具雕刻出布料褶皱细节。
（3）制作坐垫上的扣子模型。

制作要点

第1步：使用"环切"工具为立方体模型添加边线，并调整大小至图4-52所示。
第2步：对模型进行细化，并选中图4-53所示的面。

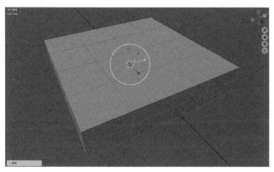 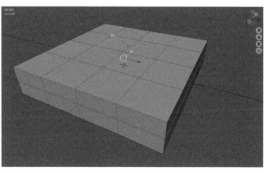

图4-52   图4-53

第3步：退出"编辑模式"，为坐垫模型添加"表面细分"修改器，增加坐垫的面数，如图4-54所示。

第4步：根据选择的面创建面组，并适当收缩面组的区域，如图4-55所示。

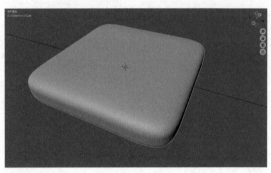

图4-54

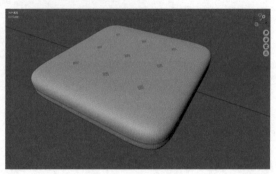

图4-55

第5步：对坐垫模型进行布料褶皱雕刻，如图4-56所示。

第6步：制作坐垫上的扣子模型，完成最终模型的制作，如图4-57所示。

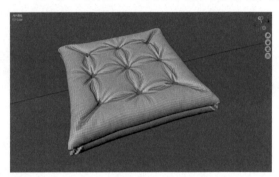

图4-56

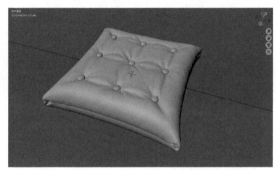

图4-57

第 **5** 章　灯光技术

本章导读

　　本章将介绍中文版Blender 3.6的灯光技术，包括布光的原则、灯光的类型和灯光的参数设置等。灯光在Blender中非常重要，本章将以常见的灯光场景为例，详细讲解常用灯光的使用方法。

学习要点

❖ 掌握灯光的类型

❖ 掌握点光的使用方法

❖ 掌握面光的使用方法

❖ 掌握日光的使用方法

❖ 掌握天空环境的设置技巧

❖ 掌握后期调整渲染图像亮度的技巧

　　中文版Blender 3.6软件提供了多种不同类型的灯光对象，用户可以根据自己的制作需要来选择使用这些灯光照亮场景。灯光的参数和命令相较于其他知识点来说，并不太多，但是这并不意味着灯光设置学习起来就非常容易。灯光的核心设置主要在于颜色和强度这两个方面，即便是同一个场景，在不同的时间段、不同的天气下拍摄出来的照片，其色彩与亮度也大不相同，所以在为场景制作灯光之前，优秀的灯光师通常需要寻找大量的相关素材进行参考，这样才能在灯光制作这一环节得心应手，制作出更加真实的灯光效果。图5-1和图5-2为作者拍摄的室外环境光影照片。

图5-1

图5-2

　　使用灯光不仅可以影响其周围物体表面的光泽和颜色，还可以渲染出镜头光斑、体积光等特殊效果。图5-3和图5-4所示分别为作者拍摄的一些带有镜头光斑及沙尘暴效果的照片。在Blender软件中，灯光通常还需要配合模型和材质才能得到丰富的色彩和明暗对比效果，从而使三维图像达到照片级别的真实效果。

图5-3

图5-4

5.2 灯光

　　中文版Blender 3.6软件提供了4种灯光，分别是"点光""日光""聚光"和"面光"，如图5-5

Blender三维设计案例教程（全彩微课版）

所示。

图5-5

5.2.1 点光

新建场景文件时，场景中自动添加的灯光就是点光，如图5-6所示。其参数设置如图5-7所示。

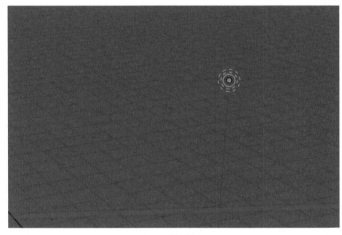

图5-6   图5-7

工具解析

颜色：设置灯光的颜色。
能量：设置灯光的照射强度。
漫射：设置灯光的漫射系数。
高光：设置灯光的高光系数。
体积：设置灯光的体积系数。
半径：设置灯光的软阴影效果。

5.2.2 日光

将灯光设置为日光后，灯光的视图显示效果如图5-8所示。其参数设置如图5-9所示。

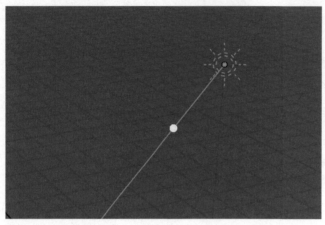

图5-8

图5-9

 工具解析

颜色：设置灯光的颜色。

强度/力度：设置灯光的照射强度。

漫射：设置灯光的漫射系数。

高光：设置灯光的高光系数。

体积：设置灯光的体积系数。

角度：模拟从地球上看到日光的角度。

5.2.3 聚光

将灯光设置为聚光后，灯光的视图显示效果如图5-10所示。其参数设置如图5-11所示。

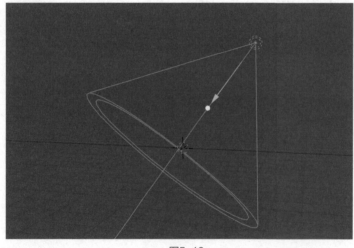

图5-10

图5-11

工具解析

颜色：设置灯光的颜色。

能量：设置灯光的照射强度。

Blender三维设计案例教程（全彩微课版）

86

漫射：设置灯光的漫射系数。

高光：设置灯光的高光系数。

体积：设置灯光的体积系数。

半径：设置灯光的软阴影效果。

尺寸：设置聚光的照射范围，图5-12和图5-13所示分别为该值为50°和80°的视图显示效果。

图5-12

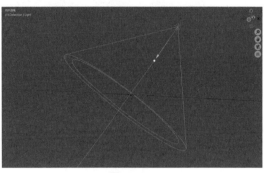
图5-13

混合：设置聚光照射范围的边缘效果，图5-14和图5-15所示分别为该值为0.1和0.5的视图显示效果。

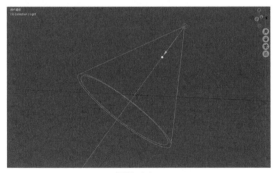
图5-14

图5-15

显示区域：勾选该复选框可以在视图中显示灯光的照射区域，如图5-16所示。

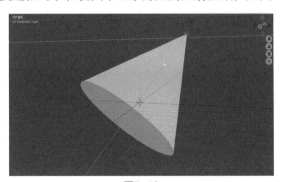
图5-16

5.2.4 面光

将灯光设置为面光后，灯光的视图显示效果如图5-17所示。其参数设置如图5-18所示。

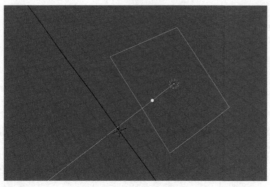
图5-17

图5-18

🖱 **工具解析**

颜色：设置灯光的颜色。
能量：设置灯光的照射强度。
漫射：设置灯光的漫射系数。
高光：设置灯光的高光系数。
体积：设置灯光的体积系数。
形状：设置灯光的形状，有"长方形""正方形""碟形"和"椭圆形"4种可选。
X尺寸/Y：分别设置灯光X和Y方向的尺寸。

5.3 课堂实例：制作产品表现照明效果

本实例详细讲解如何制作产品表现照明效果。图5-19所示为本实例的最终完成效果。

图5-19

效果工程文件　茶壶-完成.blend

素材工程文件　茶壶.blend

微课视频

🖱 **整体思路**

（1）观察场景。

（2）选择合适的灯光进行制作。

操作步骤

（1）启动中文版Blender 3.6软件，打开配套场景文件"茶壶 blend"，里面有一个茶壶模型，并且已经设置好了材质和摄像机，如图5-20所示。

（2）在制作灯光之前，首先需要观察场景，单击"切换摄像机视角"按钮，如图5-21所示。

图5-20　　　　　　　　　　　　　　　　图5-21

（3）将视图切换至"用户透视"视图后，可以看到这个茶壶是放置于一个室内空间中的，如图5-22所示。

（4）执行菜单栏"添加/灯光/面光"命令，在场景中创建一个面光，如图5-23所示。

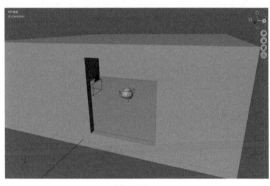

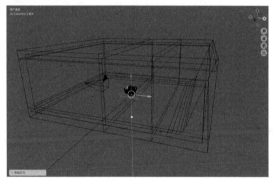

图5-22　　　　　　　　　　　　　　　　图5-23

（5）将面光移动至房屋模型的外面，并对其进行旋转，如图5-24所示。

（6）在"正交右视图"中调整灯光的位置至图5-25所示。

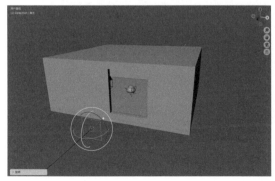

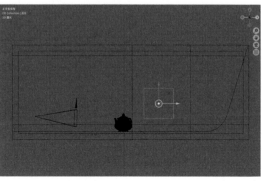

图5-24　　　　　　　　　　　　　　　　图5-25

（7）选择灯光，按option（macOS）/Alt（Windows）+D组合键，再按Y键，对选择的灯光进行关联复制，并沿Y轴向调整位置至图5-26所示。

（8）在"正交顶视图"中调整2个灯光的位置至图5-27所示。

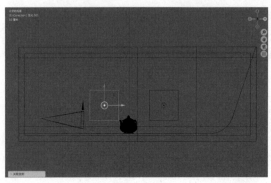 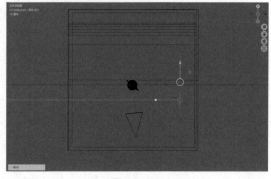

图5-26　　　　　　　　　　　　　　　　图5-27

（9）再次单击"切换摄像机视角"按钮，回到"摄像机透视"视图，按Z键，并单击"渲染"按钮，如图5-28所示。

（10）可以查看摄像机视图的"渲染预览"状态，如图5-29所示。

图5-28　　　　　　　　　　　　　　　　图5-29

（11）在"渲染"面板中设置"渲染引擎"为Cycles，如图5-30所示。

（12）再次观察"渲染预览"显示效果，如图5-31所示。可以发现更换渲染引擎后，渲染预览出来的图像真实了许多，茶壶的投影也更加清晰了。

图5-30　　　　　　　　　　　　　　　　图5-31

（13）选择灯光，在"灯光"卷展栏中设置"能量"为100W，如图5-32所示。

（14）再次观察"渲染预览"显示效果，如图5-33所示，可以看到场景现在明亮了许多。

图5-32

图5-33

（15）执行菜单栏"渲染/渲染图像"命令，如图5-34所示。

（16）渲染场景，本实例的最终渲染效果如图5-35所示。

图5-34

图5-35

5.4　课堂实例：制作室内天光照明效果

本实例通过制作室内天光照明效果来详细讲解灯光的使用方法。图5-36所示为本实例的最终完成效果。

图5-36

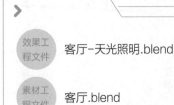

微课视频

| 效果工程文件 | 客厅-天光照明.blend |
| 素材工程文件 | 客厅.blend |

整体思路

（1）观察场景。
（2）选择合适的灯光进行制作。

操作步骤

（1）启动中文版Blender 3.6软件，打开配套场景文件"客厅.blend"，里面有一个室内客厅空间模型，并且已经设置好了材质和摄像机，如图5-37所示。

（2）将视图切换至"材质预览"显示状态，可以观察场景中模型的材质显示如图5-38所示。

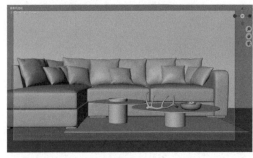
图5-37

图5-38

（3）执行菜单栏"添加/灯光/面光"命令，在场景中创建一个面光，如图5-39所示。
（4）将面光移动至房屋模型的外面，并对其进行旋转，如图5-40所示。

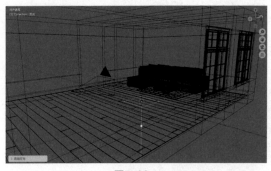
图5-39

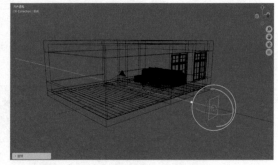
图5-40

（5）在"正交右视图"中调整灯光的位置至窗户模型位置处，如图5-41所示。
（6）在"数据"面板中设置灯光的"能量"为300W，"形状"为"长方形"，如图5-42所示。

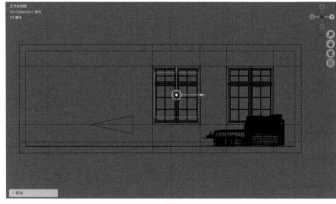

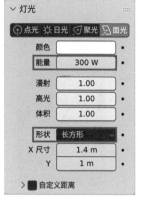

| 图5-41 | 图5-42 |

（7）在场景中选择面光，并将鼠标指针放置于面光边缘位置处，当面光边缘呈黄色高亮显示状态时，以拖动的方式调整面光的大小，使其与窗户模型大小接近，如图5-43所示。

（8）在"正交顶视图"中调整面光的位置至图5-44所示。

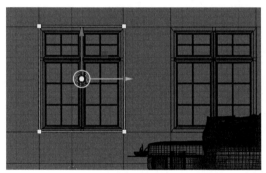
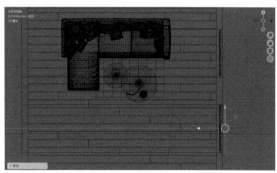

| 图5-43 | 图5-44 |

（9）选择灯光，按option（macOS）/Alt（Windows）+D组合键，对灯光进行关联复制，并调整其位置至图5-45所示。

（10）在"渲染属性"面板中设置"渲染引擎"为Cycles，如图5-46所示。

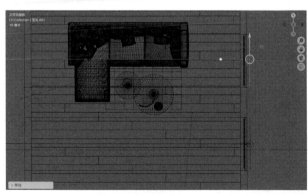

| 图5-45 | 图5-46 |

（11）在视图中单击"切换摄像机视角"按钮，如图5-47所示，将视图切换至"摄像机视图"，再单击视图上方右侧的"渲染预览"按钮，将视图的着色方式设置为"渲染预览"。此时可以在视图中查看设置灯光后的场景渲染预览效果了，如图5-48所示。

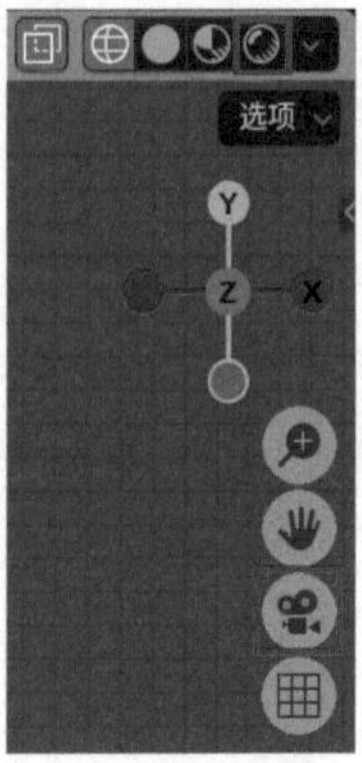

图5-47

图5-48

（12）执行菜单栏“渲染/渲染图像”命令，渲染场景，本实例的最终渲染效果如图5-49所示。

图5-49

5.5 课堂实例：制作室内阳光照明效果

本实例仍然使用上一节的场景文件来详细讲解室内阳光照明效果的制作方法。图5-50所示为本实例的最终完成效果。

图5-50

整体思路

（1）观察场景。
（2）选择合适的灯光进行制作。

操作步骤

（1）启动中文版Blender 3.6软件，打开配套场景文件"客厅.blend"，里面有一个室内客厅空间模型，并且已经设置好了材质和摄像机，如图5-51所示。

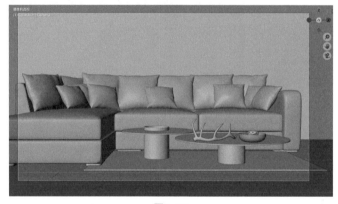

图5-51

（2）在"世界环境"面板中单击"颜色"后面的黄色圆点按钮，如图5-52所示。
（3）在弹出的菜单中执行"天空纹理"命令，如图5-53所示。

图5-52

图5-53

（4）按Z键，在弹出的菜单中执行"渲染"命令，将视图切换为"渲染预览"状态，如图5-54所示。观察本场景的渲染预览效果，如图5-55所示。

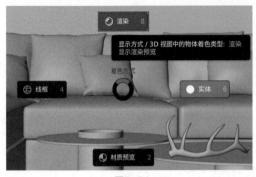

图5-54

图5-55

（5）在"渲染属性"面板中设置"渲染引擎"为Cycles，如图5-56所示。

（6）设置完成后，"摄像机透视"视图的渲染预览显示效果如图5-57所示。

图5-56

图5-57

（7）在"表（曲）面"卷展栏中设置"太阳尺寸"为1°，"太阳高度"为20°，"太阳旋转"为110°，调整太阳的大小和太阳在天空中的位置，如图5-58所示。

（8）设置完成后，"摄像机透视"视图的渲染预览显示效果如图5-59所示。

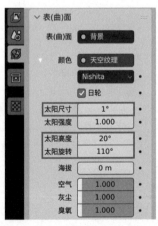

图5-58

图5-59

（9）执行菜单栏"渲染/渲染图像"命令，渲染场景，本实例的最终渲染效果如图5-60所示。

图5-60

5.6 课后习题：制作射灯照明效果

本课后习题详细讲解如何使用IES文件来制作射灯照明效果。本课后习题的最终渲染效果如图5-61所示。

图5-61

效果工程文件　置物架-完成.blend

素材工程文件　置物架.blend

微课视频

整体思路

（1）观察场景。

（2）选择合适的灯光进行制作。

制作要点

第1步：启动中文版Blender 3.6软件，打开配套场景文件"置物架.blend"，里面是一个放了几个摆件的置物架模型，并且已经设置好了材质和摄像机，如图5-62所示。

第2步：执行菜单栏"添加/灯光/点光"命令，在场景中创建一个点光，如图5-63所示。

图5-62

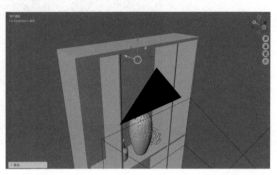

图5-63

第3步：在"数据"面板中展开"节点"卷展栏，单击"使用节点"按钮，如图5-64所示。

第4步：在"着色器编辑器"面板中执行菜单栏"添加/纹理/IES纹理"命令，并将"IES纹理"的"系数"连接至"自发光（发射）"的"颜色"上，如图5-65所示。

图5-64

图5-65

第5步：在"数据"面板中设置"源"为"外部"，并单击下方的按钮，浏览本书配套资源文件"射灯.ies"，如图5-66所示。

第6步：在"灯光"卷展栏中设置点光的"颜色"为黄色，"能量"为100mW，"半径"为0m，如图5-67所示。

图5-66

图5-67

技巧与提示 "能量"值的默认单位为W，输入0.1后，其单位会自动更改为mW。

第7步：设置完成后，"摄像机透视"视图的渲染预览显示效果如图5-68所示。

第8步：执行菜单栏"添加/灯光/面光"命令，在场景中创建一个面光，并调整其位置至图5-69所示。

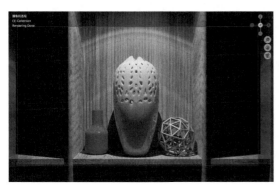

图5-68

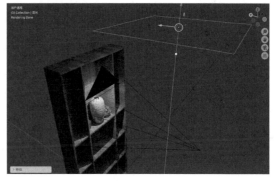

图5-69

第9步：在"灯光"卷展栏中设置"能量"为50W，如图5-70所示。

第10步：设置完成后，"摄像机透视"视图的渲染预览显示效果如图5-71所示。

图5-70

图5-71

第11步：执行菜单栏"渲染/渲染图像"命令，渲染场景，本实例的最终渲染效果如图5-72所示。

图5-72

第6章 摄像机技术

本章导读

本章将介绍中文版Blender 3.6的摄像机技术，主要包括如何创建摄像机及其基本参数的设置。希望读者能够通过本章的学习，掌握摄像机的使用技巧。本章内容相对比较简单，希望大家勤加练习，熟练掌握。

学习要点

❖ 了解摄像机的类型

❖ 掌握摄像机的基本参数

❖ 掌握摄像机景深特效的制作方法

6.1 摄像机概述

摄像机中包含的参数命令与现实当中我们使用的摄像机参数非常相似，如焦距、光圈、尺寸等，也就是说，如果用户是一个摄像爱好者，那么学习本章的内容将会得心应手。当我们新建一个场景文件时，Blender软件会自动在场景中添加一个摄像机，当然，也可以为场景创建多个摄像机来记录场景中的不同角度。跟其他章节的内容相比，摄像机的参数相对较少，但是并不意味着每个人都可以轻松地掌握摄像机技术，学习摄像机技术就像我们学习摄影一样，读者最好还要额外学习一些有关画面构图方面的知识，这有助于将作品中较好的一面展示出来。图6-1、图6-2所示为作者日常生活中拍摄的一些画面。

图6-1

图6-2

6.2 摄像机

当用户新建一个"常规"文件后，场景中会自动添加一个摄像机，如图6-3所示。可以单击界面右侧的"切换摄像机视角"按钮在"用户透视"视图和"摄像机透视"视图之间切换，如图6-4所示。

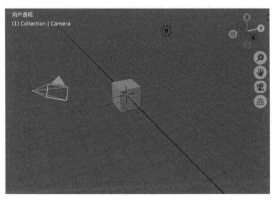

图6-3

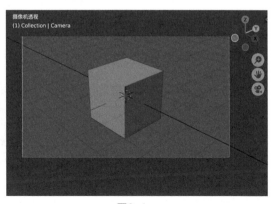

图6-4

在"摄像机透视"视图中按下鼠标中键，旋转视图时，可以自动切换回"用户透视"视图，而不会更改摄像机的位置。

执行菜单栏"添加/摄像机"命令，即可在场景中游标位置处创建一个摄像机，如图6-5所示。

在Lens卷展栏中，摄像机的参数设置如图6-6所示。

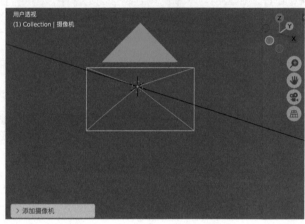

图6-5

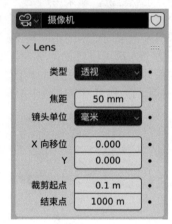

图6-6

🖱 **工具解析**

类型：设置摄像机的类型，有"透视""正交"和"全景"3种可选。
焦距：设置摄像机的焦距长度值。
镜头单位：设置摄像机的镜头单位，有"毫米"和"视野"2种可选。
X向移位/Y：分别设置摄像机X和Y方向的偏移值。
裁剪起点：设置摄像机裁剪的起点位置。
结束点：设置摄像机裁剪的结束点位置。

6.2.2 活动摄像机

有时候我们需要在场景中创建多个摄像机来记录画面，但是当我们渲染场景时，Blender 3.6只会渲染活动摄像机的拍摄视角。场景中的活动摄像机只允许有一个，我们可以通过摄像机上的黑色三角形来判断哪个摄像机为活动摄像机，如图6-7所示。

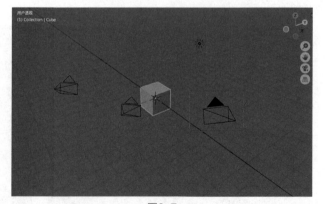

图6-7

可以在"大纲视图"面板中单击摄像机后面的摄像机图标来将该摄像机设置为活动摄像机。被设置为活动摄像机后，其摄像机图标会显示为较深的背景颜色，如图6-8所示。

也可以选择摄像机，单击鼠标右键，在弹出的快捷菜单中执行"设置活动摄像机"命令，来将所选择的摄像机设置为活动摄像机，如图6-9所示。

图6-8

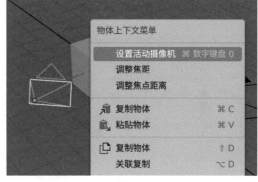
图6-9

 课堂实例：创建摄像机

本实例详细讲解摄像机的创建及参数设置技巧。图6-10所示为本实例的最终完成效果。

图6-10

效果工程文件	沙发-完成.blend
素材工程文件	沙发.blend

微课视频

 整体思路

（1）创建摄像机。
（2）调整摄像机的拍摄角度。

 操作步骤

（1）启动中文版Blender 3.6软件，打开配套场景文件"沙发.blend"，如图6-11所示。

（2）执行菜单栏"添加/摄像机"命令，在场景中创建一个摄像机，如图6-12所示。

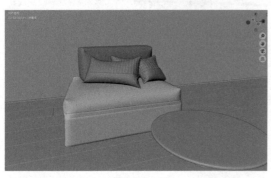

图6-11　　　　　　　　　　　　　　　　图6-12

（3）在"正交顶视图"中调整摄像机的位置和角度至图6-13所示。

（4）在"正交左视图"中调整摄像机的位置和角度至图6-14所示。

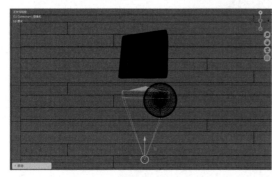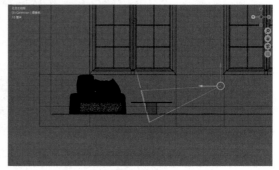

图6-13　　　　　　　　　　　　　　　　图6-14

（5）单击视图上方右侧摄像机形状的"切换摄像机视角"按钮，如图6-15所示，将视图切换至"摄像机视图"，如图6-16所示。接下来准备微调摄像机的拍摄角度。

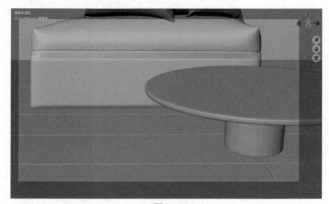

图6-15　　　　　　　　　　　　　　　　图6-16

技巧与提示　切换到"摄像机视图"后，先不要按鼠标中键旋转视图，因为这样又会回到透视视图中。

（6）按N键，弹出"视图"面板，在"视图锁定"卷展栏中勾选"锁定摄像机"复选框，如图6-17所示。这样，我们再按鼠标中键"旋转视图"时，就不会回到"透视视图"中，而是在"摄像机视图"里调整摄像机的拍摄角度。

（7）最终调整好的"摄像机视图"如图6-18所示。

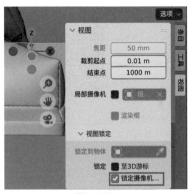

图6-17

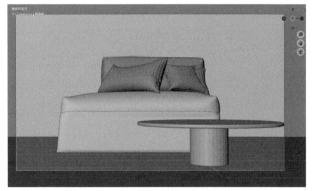

图6-18

（8）设置完成后，再取消勾选"锁定摄像机"复选框，如图6-19所示。这样可以防止因误操作更改了摄像机的拍摄角度。

（9）执行菜单栏"渲染/渲染图像"命令，渲染场景，本实例的最终渲染效果如图6-20所示。

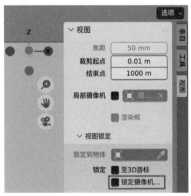

图6-19

图6-20

课后习题：制作景深效果

在本课后习题中，使用上一节完成的文件来详细讲解使用摄像机渲染景深效果的方法。本课后习题的最终渲染效果如图6-21所示。

图6-21

效果工 程文件	沙发-景深完成.blend
素材工 程文件	沙发-完成.blend

微课视频

整体思路

（1）开启景深计算。
（2）设置景深的强度。

制作要点

第1步：启动中文版Blender 3.6软件，打开配套场景文件"沙发-完成.blend"，如图6-22所示。

第2步：按Z键，在弹出的菜单中执行"渲染"命令，场景的渲染预览显示效果如图6-23所示。

图6-22

图6-23

第3步：选择摄像机，在"数据"面板中"勾选"景深复选框，观察场景的渲染预览效果，默认景深效果如图6-24所示，可以看到画面已经出现了一定的模糊效果。

第4步：在场景中创建一个名称为"空物体"的纯轴，并调整其位置至图6-25所示。

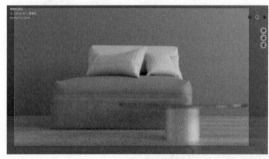
图6-24

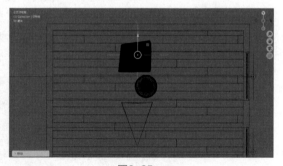
图6-25

第5步：在"景深"卷展栏中设置纯轴为"焦点物体"后，纯轴的名称会出现在"焦点物体"的后面，如图6-26所示。

第6步：设置完成后，观察"摄影机视图"，其渲染预览效果如图6-27所示。可以看到纯轴位置处的沙发渲染效果较为清楚，前面的圆桌子模型看起来较为模糊。

Blender三维设计案例教程（全彩微课版）

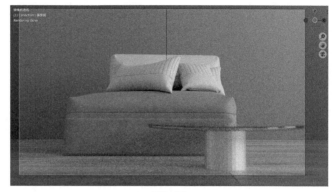

图6-26　　　　　　　　　　　　　　　图6-27

技巧与提示　"光圈级数"值越小，景深的模糊效果越明显。

第7步：设置"光圈级数"为1，"摄像机透视"视图的渲染预览显示效果如图6-28所示。

第8步：执行菜单栏"渲染/渲染图像"命令，渲染场景，本实例的最终渲染效果如图6-29所示。

图6-28　　　　　　　　　　　　　　　图6-29

第 7 章　材质与纹理

本章导读

　　本章将介绍中文版Blender 3.6的材质及纹理技术，通过讲解常用材质的制作方法来介绍各种材质和纹理的知识点。好的材质不但可以美化模型，加强模型的质感表现，还能弥补模型上的欠缺与不足。本章非常重要，请读者务必多加练习，熟练掌握材质的设置方法与技巧。

学习要点

❖ 了解材质的类型

❖ 掌握原理化BSDF材质的基本参数

❖ 掌握玻璃BSDF材质的基本参数

❖ 掌握常见材质的制作方法

7.1 材质概述

中文版Blender 3.6软件提供了功能丰富的材质编辑系统，用于模拟自然界中各种各样的物体质感。就像是绘画中的色彩一样，材质可以为我们的三维模型注入生命，使场景充满活力，渲染出的作品仿佛原本就是存在于这真实的世界之中一样。Blender 3.6提供的默认材质"原理化BSDF"可以制作出物体的表面纹理、高光、透明度、自发光、反射及折射等多种属性，要想利用好这些属性制作出效果逼真的质感纹理，读者应多多观察身边真实世界中物体的质感特征。图7-1～图7-4所示为作者拍摄的几种较为常见的质感照片。

图7-1

图7-2

图7-3

图7-4

新建场景，选择场景中自带的立方体模型，在"材质属性"面板中可以看到Blender为其指定的默认材质类型为"原理化BSDF"，如图7-5所示。

图7-5

7.2 材质类型

中文版Blender 3.6提供了多种不同类型的材质，使用这些材质可以快速制作出一些特定的质感效果。我们首先学习其中较为常用的材质类型。

7.2.1 原理化BSDF

"原理化BSDF"材质是Blender 3.6软件的默认材质类型，也是功能最强大的材质类型，就像3ds Max的"物理材质"和Maya的"标准曲面材质"一样，使用该材质几乎可以制作出我们日常生活中所接触的绝大部分材质，如陶瓷、金属、玻璃、家具，等等。当我们为一个没有材质的模型指定材质后，所添加的默认材质就是原理化BSDF材质。其中，BSDF代表双向散射分布函数，用来定义光如何在物体表面上进行反射和折射。其参数主要分布于"表（曲）面"卷展栏中，如图7-6所示。

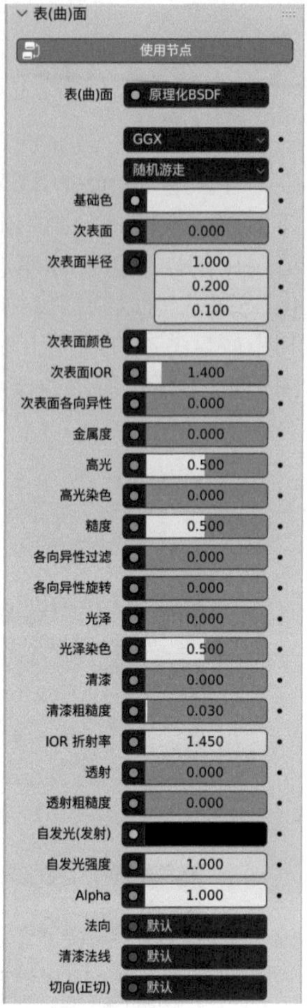

🖱️ **工具解析**

基础色：设置材质的基础颜色，图7-7所示为基础色设置为黄色后的渲染效果。

次表面：设置材质次表面散射效果，图7-8所示为该值设置为0.1后的渲染效果。

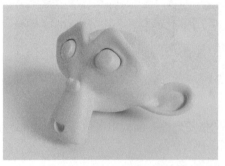

图7-7

图7-8

次表面半径：设置光线在散射出曲面前在曲面下可能传播的平均距离。

次表面颜色：设置次表面散射效果的颜色。

次表面IOR：设置次表面散射效果的折射率。

次表面各向异性：设置次表面散射效果的各项异性效果。

金属度：设置材质的金属程度，该值为1时，材质表现为明显的金属特性。图7-9所示为该值为1时的渲染效果。

高光：设置材质的高光，值越高，材质的高光越亮。图7-10所示分别为该值是默认值0和1时的渲染效果对比。

图7-9

图7-6

Blender三维设计案例教程（全彩微课版）

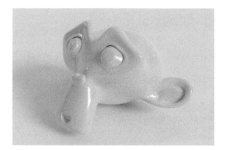

图7-10

高光染色：设置高光的染色效果。

糙度：设置材质表面的粗糙度，图7-11所示为该值分别为0.1和0.3的渲染效果对比。

图7-11

IOR折射率：设置材质的折射率，当材质具有透射效果后参与计算，图7-12所示为该值分别1.45和2.42时的渲染效果对比。

图7-12

透射：设置材质的透明程度。

透射粗糙度：设置透明材质内部的粗糙程度，图7-13所示为该值为0.5时的渲染结果。

自发光（发射）：设置自发光的颜色。

自发光强度：设置材质自发光的强度，图7-14所示为"自发光（发射）"为红色，"自发光强度"为6时的渲染效果。

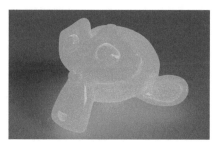

图7-13   图7-14

7.2.2 玻璃BSDF

"玻璃BSDF"材质用来制作具有玻璃质感的材质，其参数主要分布于"表（曲）面"卷展栏中，如图7-15所示。

图7-15

工具解析

颜色：设置玻璃材质的颜色，图7-16所示为设置不同颜色的渲染效果对比。

图7-16

糙度：设置玻璃材质的粗糙程度，图7-17所示分别为该值为0.2和0.5时的渲染效果对比。

图7-17

IOR折射率：设置玻璃材质的折射率。

7.2.3 漫射BSDF

"漫射BSDF"材质用来制作没有反射效果的材质，其参数主要分布于"表（曲）面"卷展栏中，如图7-18所示。

图7-18

工具解析

颜色：设置漫射材质的颜色。
糙度：设置漫射材质表面的粗糙程度，图7-19所示为该值为0和1时的渲染效果对比。

图7-19

7.2.4 光泽BSDF

"光泽BSDF"材质用来制作具有金属质感的材质，其参数主要分布于"表（曲）面"卷展栏中，如图7-20所示。

工具解析

颜色：设置光泽材质的颜色。

糙度：设置光泽材质表面的粗糙程度，图7-21所示为该值为0.05和0.5时的渲染效果对比。

图7-20

图7-21

7.3 课堂实例：制作玻璃材质

本实例详细讲解玻璃材质的制作方法。图7-22所示为本实例的最终完成效果。

图7-22

整体思路

（1）观察场景文件。

（2）为模型设置材质。

（3）思考使用哪些参数可以得到玻璃效果。

操作步骤

（1）启动中文版Blender 3.6软件，打开配套场景文件"玻璃材质.blend"，本实例为一个简单的室内模型，里面主要包含一组玻璃瓶子模型，以及简单的配景模型，并且已经设置好了灯光及摄像机，如图7-23所示。

（2）选择场景中的杯子模型，如图7-24所示。

图7-23

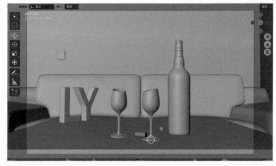

图7-24

（3）在"材质"面板中单击"新建"按钮，如图7-25所示，为杯子模型添加一个新的材质。

（4）在"表（曲）面"卷展栏中设置"表（曲）面"为"玻璃BSDF"材质，"糙度"为0.05，"IOR折射率"为1.6，如图7-26所示。

图7-25

图7-26

（5）设置完成后，"摄像机视图"中的渲染预览效果如图7-27所示。

（6）选择杯子里的液体模型，如图7-28所示，为其新建一个材质。

图7-27

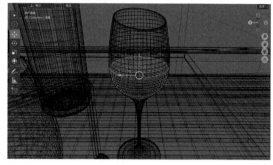

图7-28

（7）在"表（曲）面"卷展栏中设置"表（曲）面"为"玻璃BSDF"材质，"颜色"为深红色，"糙度"为0，"IOR折射率"为1.3，如图7-29所示。其中，颜色的参数设置如图7-30所示。

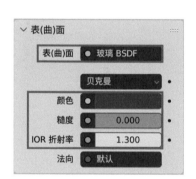

图7-29

图7-30

（8）设置完成后，"摄像机视图"中的渲染预览效果如图7-31所示。

（9）执行菜单栏"渲染/渲染图像"命令，渲染场景，本实例的最终渲染效果如图7-32所示。

图7-31

图7-32

7.4 课堂实例：制作金属材质

本实例详细讲解金属材质的制作方法。图7-33所示为本实例的最终完成效果。

图7-33

效果工 程文件 | 金属材质-完成.blend

素材工 程文件 | 金属材质.blend

微课视频

整体思路

（1）观察场景文件。
（2）为模型设置材质。
（3）思考使用哪些参数可以得到金属效果。

操作步骤

（1）启动中文版Blender 3.6软件，打开配套场景文件"金属材质.blend"，本实例为一个简单的室内模型，里面主要包含一只水壶模型，以及简单的配景模型，并且已经设置好了灯光及摄像机，如图7-34所示。
（2）选择场景中水壶模型上的金属手把部分，如图7-35所示。

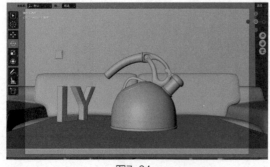

图7-34

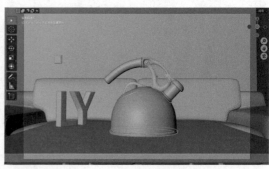

图7-35

116

（3）在"材质"面板中单击"新建"按钮，如图7-36所示，为其添加一个新的材质。

（4）在"表（曲）面"卷展栏中设置"表（曲）面"为"光泽BSDF"材质，"糙度"为0.05，如图7-37所示。

图7-36   图7-37

（5）设置完成后，"摄像机视图"中的渲染预览效果如图7-38所示。

（6）选择水壶壶身部分，如图7-39所示，为其新建一个材质。

   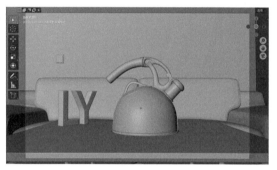

图7-38   图7-39

（7）在"表（曲）面"卷展栏中设置"表（曲）面"为"光泽BSDF"材质，"颜色"为灰色，"糙度"为0.3，如图7-40所示。其中，颜色的参数设置如图7-41所示。

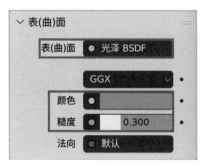   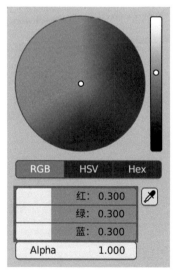

图7-40   图7-41

（8）设置完成后，"摄像机视图"中的渲染预览效果如图7-42所示。

（9）执行菜单栏"渲染/渲染图像"命令，渲染场景，本实例的最终渲染效果如图7-43所示。

图7-42

图7-43

7.5 课堂实例：制作陶瓷材质

本实例详细讲解陶瓷材质的制作方法。图7-44所示为本实例的最终完成效果。

图7-44

效果工程文件	陶瓷材质-完成.blend
素材工程文件	陶瓷材质.blend

微课视频

 整体思路

（1）观察场景文件。

（2）为模型设置材质。

（3）思考使用哪些参数可以得到陶瓷效果。

操作步骤

（1）启动中文版Blender 3.6软件，打开配套场景文件"陶瓷材质 blend"，本实例为 一个简单的室内模型，里面主要包含一组瓶子模型，以及简单的配景模型，并且已经设置好了灯光及摄像机，如图7-45所示。

（2）选择场景中的瓶子模型，如图7-46所示。

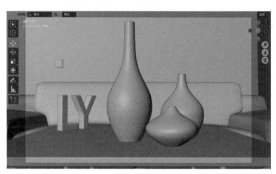

图7-45

图7-46

（3）在"材质"面板中单击"新建"按钮，如图7-47所示，为其添加一个新的材质。

（4）在"表（曲）面"卷展栏中设置"基础色"为粉红色，"高光"为1，"糙度"为0.1，如图7-48所示。其中，基础色的参数设置如图7-49所示。

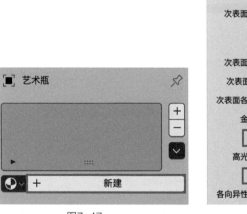

图7-47

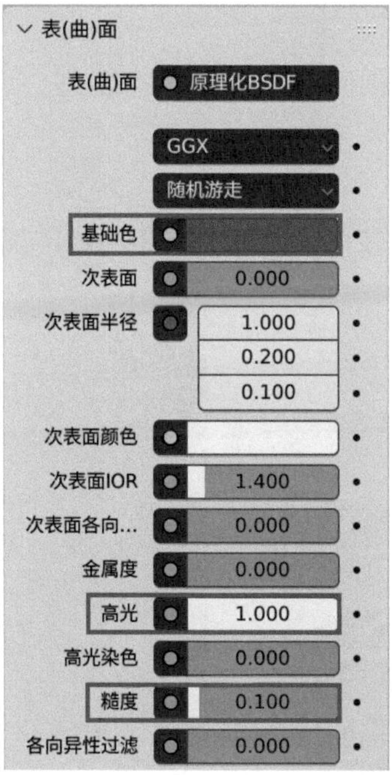

图7-48

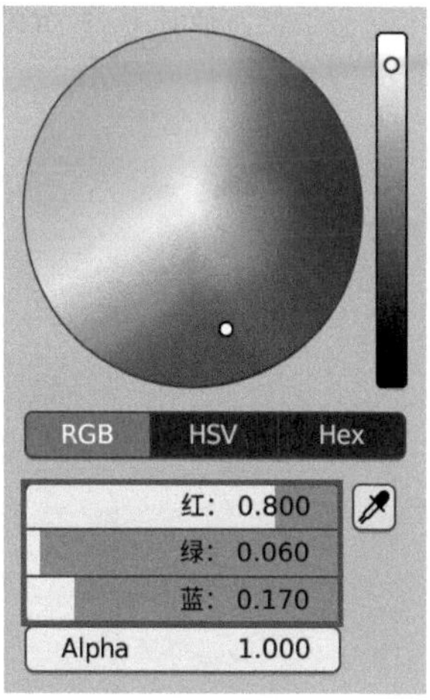

图7-49

（5）设置完成后，"摄像机视图"中的渲染预览效果如图7-50所示。

（6）执行菜单栏"渲染/渲染图像"命令，渲染场景，本实例的最终渲染效果如图7-51所示。

图7-50

图7-51

7.6 纹理类型

使用贴图纹理的效果要比使用单一颜色能更加直观地表现物体的真实质感，添加纹理可以使物体的表面看起来更加细腻、逼真，配合材质的反射、折射、凹凸等属性，使得渲染出来的场景更加真实和自然。中文版Blender 3.6提供了多种不同类型的纹理，我们首先学习其中较为常用的纹理类型。

7.6.1 图像纹理

"图像纹理"可以将一张图像用作材质的表面纹理，其参数设置如图7-52所示。

🖱 **工具解析**

"新建"按钮：单击该按钮可以弹出"新建图像"对话框，用户可以在此创建一个任意颜色的图像，如图7-53所示。

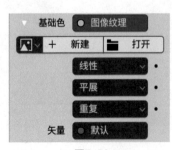

图7-52

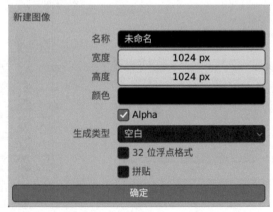

图7-53

"打开"按钮：单击该按钮可以选择将本地硬盘上的一张图像作为材质的表面纹理。
线性：设置贴图的插值类型，有"线性""最近""三次型"和"智能"4种可选。
平展：设置贴图的投影方式，有"平展""方框""球形"和"管形"4种可选。
重复：设置超出原始边界的图像外插方式，有"重复""扩展"和"裁剪"3种可选。

7.6.2 砖墙纹理

"砖墙纹理"可以快速制作出砖墙的表面纹理，其参数设置如图7-54所示。

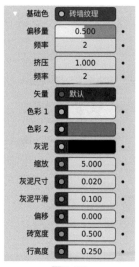

图7-54

工具解析

偏移量：设置砖墙相邻图形的偏移程度。

频率：设置砖墙纹理偏移量的频率值。

挤压：设置砖墙纹理的挤压量。

频率：设置挤压的频率值。

色彩1/色彩2：用来设置砖墙的颜色，图7-55所示为设置不同色彩后的砖墙纹理渲染效果。

灰泥：设置砖缝的颜色，图7-56所示为"灰泥"设置为白色后的渲染效果。

图7-55

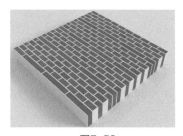

图7-56

缩放：用来控制砖墙纹理的大小，图7-57所示为该值分别为2和7的渲染效果对比。

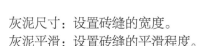

图7-57

灰泥尺寸：设置砖缝的宽度。

灰泥平滑：设置砖缝的平滑程度。

偏移：设置砖墙色彩1和色彩2的混合量。

砖宽度：设置砖的宽度。

行高度：设置砖的高度，图7-58所示为该值分别为0.2和0.8的渲染效果对比。

图7-58

7.6.3 沃罗诺伊纹理

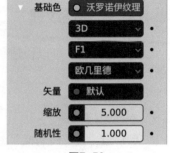

"沃罗诺伊纹理"可以制作出破碎效果的纹理图像，其参数设置如图7-59所示。

图7-59

🖱️ 工具解析

3D：设置输出噪波的维度。

F1：设置沃罗诺伊纹理的特征效果。

欧几里德：设置沃罗诺伊纹理的样式，图7-60～图7-62所示为该选项分别设置为"欧几里德""曼哈顿点距"和"闵可夫斯基"的渲染效果。

图7-60　　　　　　　　　图7-61　　　　　　　　　图7-62

缩放：设置沃罗诺伊纹理的大小，图7-63所示为该值为3和9的渲染效果对比。

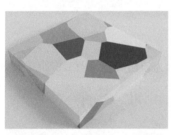

图7-63

随机性：设置沃罗诺伊纹理的随机效果，较低的值会得到较为规则的图案，反之亦然。图7-64所示为该值为0和0.3的渲染效果对比。

图7-64

7.7 课堂实例：制作线框材质

本实例详细讲解线框材质的制作方法。图7-65所示为本实例的最终完成效果。

图7-65

| 效果工程文件 | 线框材质-完成.blend |
| 素材工程文件 | 线框材质.blend |

微课视频

整体思路

（1）观察场景文件。

（2）思考使用哪些参数可以得到线框效果。

操作步骤

（1）启动中文版Blender 3.6软件，打开配套场景文件"线框材质.blend"，本实例为一个简单的室内模型，里面主要包含一组书本和玩具飞机模型，以及简单的配景模型，并且已经设置好了灯光及摄像机，如图7-66所示。

图7-66

图7-67

技巧与提示 场景中的书本和玩具飞机为一个模型。

（2）在"渲染"面板中勾选Freestyle复选框，如图7-67所示。

（3）设置完成后，渲染场景，渲染效果如图7-68所示。可以看到场景中的所有模型均会生成黑色的描边线条。

（4）选择场景中的书本飞机模型，按Tab键进入"编辑模式"，按A键，选择雕塑模型的所有边线，如图7-69所示。

第7章 材质与纹理

123

图7-68　　　　　　　　　　　　　　　　　　图7-69

（5）单击鼠标右键并执行"标记Freestyle边"命令，如图7-70所示。执行命令后，书本飞机模型的视图显示效果如图7-71所示，然后退出"编辑模式"。

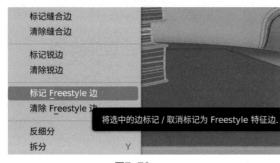

图7-70　　　　　　　　　　　　　　　　　　图7-71

（6）在"Freestyle线条集"卷展栏中取消勾选"剪影""折痕""边界范围"复选框，勾选"标记边"复选框，如图7-72所示。

（7）在"Freestyle颜色"卷展栏中设置"基础色"为深灰色。在"Freestyle线宽"卷展栏中设置"基线宽度"为1.5，如图7-73所示。

（8）执行菜单栏"渲染/渲染图像"命令，渲染场景，本实例的最终渲染效果如图7-74所示。

图7-72　　　　　　　　图7-73　　　　　　　　图7-74

7.8 课堂实例：制作摆台材质

本实例详细讲解摆台材质的制作方法。图7-75所示为本实例的最终完成效果。

图7-75

| 效果工程文件 | 摆台材质-完成.blend |
| 素材工程文件 | 摆台材质-完成.blend |

微课视频

 整体思路

（1）观察场景文件。
（2）为摆台模型的不同部分分别设置材质。
（3）为摆台模型指定UV贴图坐标。

 操作步骤

（1）启动中文版Blender 3.6软件，打开配套场景文件"摆台材质.blend"，本实例为一个简单的室内模型，里面主要包含一个照片摆台模型，以及简单的配景模型，并且已经设置好了灯光及摄像机，如图7-76所示。

（2）选择摆台模型，如图7-77所示。

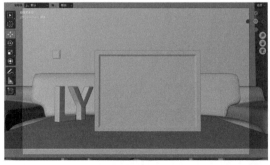

图7-76

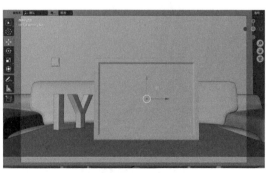

图7-77

（3）在"材质"面板中单击"新建"按钮，如图7-78所示，为其添加一个新的材质。

（4）设置材质名称为"黄色相框"，在"表（曲）面"卷展栏中设置"基础色"为黄色，如图7-79所示。其中，基础色的参数设置如图7-80所示。

图7-78

图7-79

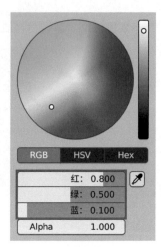

图7-80

（5）单击+号形状的"添加材质槽"按钮，新增一个新的材质，如图7-81所示。

（6）创建新的材质槽后，单击"新建"按钮，如图7-82所示。这样就添加了一个新的白色材质球，并重命名为"相片"，如图7-83所示。

图7-81

图7-82

图7-83

（7）按Tab键，进入"编辑模式"，选择图7-84所示的面。

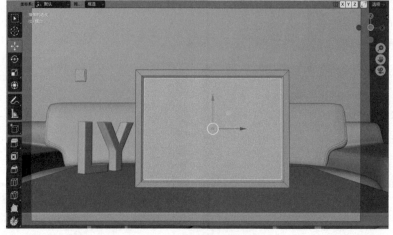

图7-84

（8）在材质属性"面板中单击"指定"按钮，如图7-85所示。为选择的面指定一个新的白色材质，如图7-86所示。

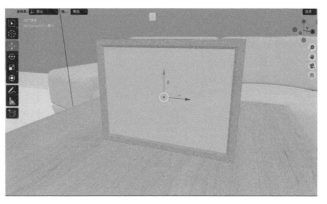

图7-85   图7-86

（9）单击"基础色"后面的黄色圆点按钮，如图7-87所示。

（10）在弹出的菜单中执行"图像纹理"命令，如图7-88所示。

图7-87   图7-88

（11）在"表（曲）面"卷展栏中单击"打开"按钮，如图7-89所示，打开"照片.jpg"贴图，如图7-90所示。

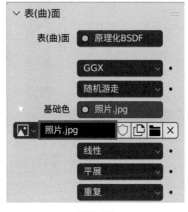

图7-89   图7-90

（12）设置完成后，可以看到摆台模型的贴图默认效果如图7-91所示。

（13）为了方便观察，选择摆台模型后按?键，将未选择的对象隐藏，并显示出摆台模型的线框效果，如图7-92所示。

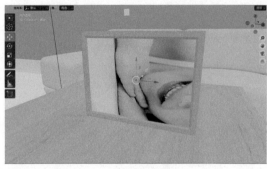

图7-91

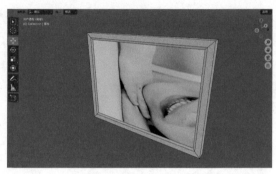

图7-92

（14）按Tab键，进入"编辑模式"，选择图7-93所示的面。在"UV编辑器"面板中查看所选择面的UV状态，如图7-94所示。

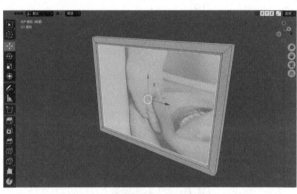

图7-93

图7-94

（15）在"UV编辑器"面板中调整所选择面的UV顶点位置至图7-95所示。

（16）设置完成后，观察场景中的摆台模型，可以看到相片贴图效果如图7-96所示。

图7-95

图7-96

（17）摆台模型的材质制作完成后，再次按?键，显示场景中隐藏的模型，并微调摆台模型的角度至图7-97所示。

（18）执行菜单栏"渲染/渲染图像"命令，渲染场景，本实例的最终渲染效果如图7-98所示。

图7-97

图7-98

7.9 课后习题：制作彩色花瓶材质

在本课后习题中，通过制作彩色花瓶材质来复习本章的内容。图7-99所示为本课后习题的最终完成效果。

图7-99

| 效果工程文件 | 制作彩色花瓶-完成.blend |
| 素材工程文件 | 制作彩色花瓶.blend |

微课视频

整体思路

（1）观察场景文件。
（2）使用"沃罗诺伊纹理"来制作花瓶材质。

制作要点

第1步：启动中文版Blender 3.6软件，打开配套场景文件"彩色花瓶材质.blend"，本实例为一个简单的室内模型，里面主要包含一个花瓶模型，以及简单的配景模型，并且已经设置好了灯光及摄像机，如图7-100所示。

第2步：选择花瓶模型，为其指定一个新的材质，如图7-101所示。

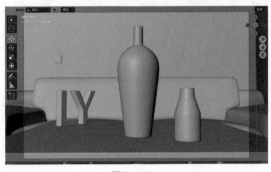

图7-100

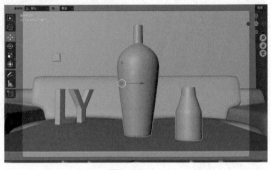

图7-101

第3步：在"表（曲）面"卷展栏中为"基础色"指定"沃罗诺伊纹理"材质，并设置"缩放"为10，如图7-102所示。

第4步：在"表（曲）面"卷展栏中设置"高光"为1，"糙度"为0.1，如图7-103所示。

图7-102

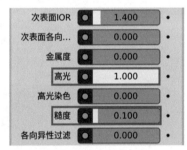

图7-103

第5步：执行菜单栏"渲染/渲染图像"命令，渲染场景，本实例的最终渲染效果如图7-104所示。

图7-104

第 **8** 章 渲染技术

本章导读

本章将介绍中文版Blender 3.6的渲染技术，主要包括Eevee渲染器和Cycles渲染器的基本参数讲解，并通过实例来介绍这两款渲染器的区别与用法。

学习要点

❖ 了解渲染器基础知识

❖ 掌握Eevee渲染器的基本参数

❖ 掌握Cycles渲染器的设置技巧

渲染概述

我们在Blender 3.6软件中制作出来的场景模型离不开材质和灯光的辅助，我们在视图中看到的画面无论显示得多么精美，都比不了执行渲染命令后计算得到的图像结果。可以说没有渲染，我们永远也无法将最优秀的作品展示给观众。那什么是"渲染"呢？从狭义上来讲，渲染通常是指我们在软件的"渲染属性"面板中进行的参数设置。从广义上来讲，渲染包括对模型的材质制作、灯光设置、摄像机摆放等一系列的工作流程。

使用Blender 3.6软件制作三维项目时，常见的工作流程大多是按照"建模>灯光>材质>摄像机>渲染"来进行的，渲染之所以放在最后，说明这一操作是计算之前流程的最终步骤。图8-1、图8-2所示为作者制作的三维渲染作品。

图8-1

图8-2

中文版Blender 3.6软件提供3个渲染引擎，分别是Eevee、工作台和Cycles，如图8-3所示。可以在"渲染"面板中选择场景使用哪个渲染引擎进行渲染，其中，Eevee和Cycles渲染器可以用于项目的最终输出，工作台用于在建模和动画期间在视图中的显示预览。需要注意的是，在进行材质设置前，需要先规划好项目使用哪个渲染引擎进行渲染工作，因为有些材质在不同的渲染引擎中得到的结果完全不同。

图8-3

Eevee渲染引擎

Eevee是Blender软件的实时渲染引擎，相对于Cycles渲染引擎，该渲染引擎的渲染速度具有很大优势，并且可以生成高质量的渲染图像。Eevee不是光线跟踪渲染引擎，其使用了一种称为光栅化的算法，这使得它在计算图像时有很多限制。下面介绍Eevee渲染引擎中较为常用的卷展栏参数。

8.2.1 "采样"卷展栏

"采样"卷展栏用来设置渲染图像时的抗锯齿效果，其参数设置如图8-4所示。

工具解析

渲染：设置渲染时的采样值。

图8-4

视图：设置视图显示时的采样值。

视图降噪：减少视图中的噪点。

8.2.2 "环境光遮蔽（AO）"卷展栏

"环境光遮蔽（AO）"卷展栏中的参数设置如图8-5所示。

🖱 工具解析

距离：影响环境光遮蔽效果的物体距离。

系数：设置环境光遮蔽效果的混合因子。

追踪精度：值越高，渲染计算越久，画面的精度越高。

弯曲法向：勾选后在计算环境光遮蔽效果时，以更真实的方式对漫反射计算进行采样。

近似反弹：勾选后在计算环境光遮蔽效果时，将模拟光线反射计算。

图8-5

8.2.3 "辉光"卷展栏

"辉光"卷展栏用于模拟镜头光斑效果，其参数设置如图8-6所示。

🖱 工具解析

阈值：用于控制辉光的产生范围。

屈伸度：使阈值上下之间的效果进行过渡。

半径：设置辉光的半径。

颜色：设置辉光的颜色。

强度：设置辉光的强度。

钳制：设置辉光的最大强度。

图8-6

8.3 Cycles渲染引擎

Cycles是Blender软件自带的功能强大的渲染引擎，借助其内置的物理渲染算法，Cycles可以为用户提供高质量的，比Eevee渲染引擎更加准确的渲染图像。下面介绍Cycles渲染引擎中较为常用的卷展栏参数。

8.3.1 "采样"卷展栏

"采样"卷展栏中的参数设置如图8-7所示。

🖱 工具解析

噪波阈值：决定是否继续采样的阈值，值越低，图像噪波越少。

最大采样/最小采样：自适应采样计算时像素接收的最大/最小样本数。

8.3.2 "光程"卷展栏

"光程"卷展栏中的参数设置如图8-8所示。

 工具解析

"最多反弹次数"卷展栏
总数：设置光线的反弹次数。
漫射：设置漫反射计算时光线的反弹次数。
光泽：设置光泽计算时光线的反弹次数。
透射：设置透射计算时光线的反弹次数。
体积（音量）：设置体积计算时光线的反弹次数。
透明：设置透明计算时光线的反弹次数。

"钳制"卷展栏
直接光：设置直接光的反射次数。默认值为0，代表禁用钳制计算。
间接光：设置间接光的反射次数。

"焦散"卷展栏
滤除光泽：设置光泽边缘的模糊程度，用于降低渲染画面中的噪点。
焦散反射：计算光线反射时产生的焦散效果。
焦散折射：计算光线折射时产生的焦散效果。

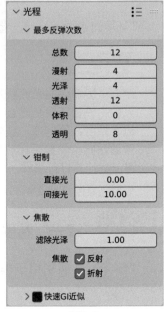

图8-8

8.4 课堂实例：制作云朵效果

本实例详细讲解云朵模型及材质的制作方法。图8-9所示为本实例的最终完成效果。

图8-9

效果工程文件	云朵-完成.blend
素材工程文件	无

整体思路

（1）制作云朵模型。
（2）添加环境灯光。
（3）制作云朵材质。

操作步骤

8.4.1 制作云朵模型

（1）启动中文版Blender 3.6软件，如图8-10所示。
（2）按Tab键，进入"编辑模式"，选择图8-11所示的面。

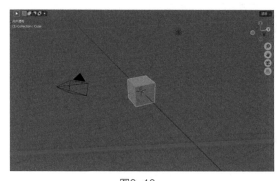

图8-10

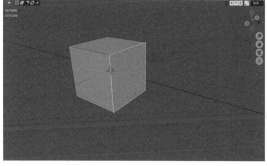

图8-11

（3）多次按E键，对选择的面进行挤出，制作出图8-12所示的模型效果。
（4）选择图8-13所示的面，再次按E键，制作出图8-14所示的模型效果，得到云朵的大概形状。

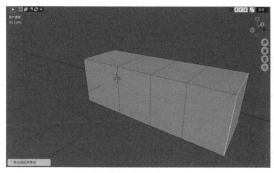

图8-12

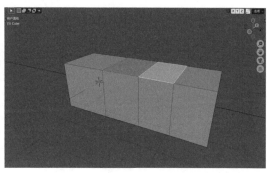

图8-13

（5）再次按Tab键，退出"编辑模式"。在"修改器"面板中更改模型的名称为"云朵"，为其添加"表面细分"修改器，并设置"视图层级"为5，"渲染"为5，如图8-15所示。

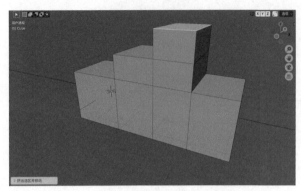

图8-14

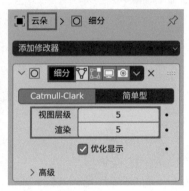

图8-15

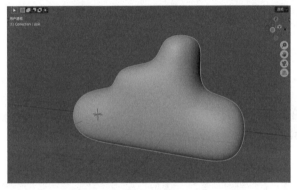

图8-16

（6）设置完成后，云朵模型的视图显示效果如图8-16所示。

（7）在"修改器"面板中为云朵模型添加"置换"修改器，并单击"新建"按钮，如图8-17所示。

（8）在"置换"卷展栏中单击"在纹理选项卡中显示纹理"按钮，如图8-18所示。

（9）设置云朵纹理的"类型"为"云絮"，"尺寸"为0.8，如图8-19所示。

图8-17

图8-18

图8-19

Blender三维设计案例教程（全彩微课版）

（10）设置完成后，云朵模型的视图显示效果如图8-20所示。

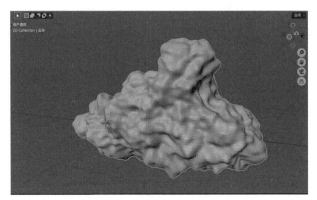

图8-20

（11）在"世界环境"面板中单击"颜色"后面的黄色圆点按钮，如图8-21所示。
（12）在弹出的菜单中执行"天空纹理"命令，如图8-22所示。

图8-21

图8-22

（13）在"表（曲）面"卷展栏中设置"太阳尺寸"为1°，"太阳高度"为25°，"太阳旋转"为30°，"海拔"为5000m，"臭氧"为8，"强度/力度"为0.2，如图8-23所示。
（14）设置完成后，将场景中的默认灯光删除，云朵模型在"渲染预览"中的视图显示效果如图8-24所示。

图8-23

图8-24

（15）在"渲染属性"面板中设置"渲染引擎"为Cycles，如图8-25所示。

（16）设置完成后，云朵模型在"渲染预览"中的视图显示效果如图8-26所示。

图8-25

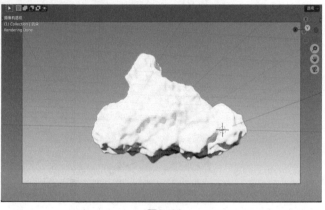

图8-26

8.4.2 制作云朵材质

（1）选择云朵模型，在"材质"面板中展开"表（曲）面"卷展栏，单击"表（曲）面"后面的绿色圆点按钮，如图8-27所示，在弹出的菜单中执行"删除"命令，如图8-28所示。

图8-27

图8-28

（2）在"体积"卷展栏中单击"体积（音量）"后面的绿色圆点按钮，如图8-29所示，在弹出的菜单中执行"体积散射"命令，如图8-30所示。

图8-29

图8-30

（3）设置完成后，云朵模型的"渲染预览"效果如图8-31所示。

图8-31

（4）在"体积"卷展栏中单击"密度"后面的灰色圆点按钮，如图8-32所示，在弹出的菜单中执行"运算"命令，如图8-33所示。

（5）在"体积"卷展栏中设置"运算"方式为"正片叠底（相乘）"，设置"值（明度）"为5，再单击"值（明度）"后面的灰色圆点按钮，如图8-34所示，在弹出的菜单中执行"运算"命令。

图8-32

图8-33

图8-34

（6）在"体积"卷展栏中设置"值（明度）"的"运算"方式为"相减"，再单击"值（明度）"后面的灰色圆点按钮，如图8-35所示，在弹出的菜单中执行"颜色渐变"命令，如图8-36所示。

图8-35

图8-36

（7）在"体积"卷展栏中单击"系数"后面的灰色圆点按钮，如图8-37所示，在弹出的菜单中执行"噪波纹理"命令，如图8-38所示。

图8-37

图8-38

（8）在"体积"卷展栏中单击"矢量"后面的蓝色圆点按钮，如图8-39所示，在弹出的菜单中执行"映射"命令，如图8-40所示。

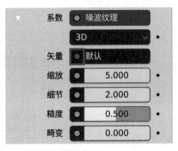
图8-39

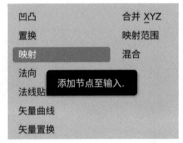
图8-40

（9）在"体积"卷展栏中单击"矢量"后面的蓝色圆点按钮，如图8-41所示，在弹出的菜单中执行"生成"命令，如图8-42所示。

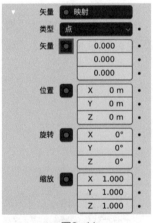
图8-41

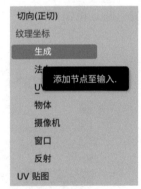
图8-42

（10）设置完成后，打开"着色器编辑器"面板，云朵材质的节点连接状态如图8-43所示。

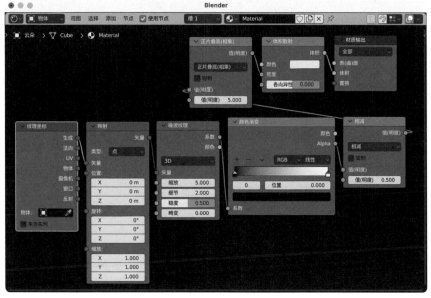

图8-43

（11）在"着色器编辑器"面板中将"颜色渐变"节点的"颜色"属性连接至"相减"节点的"值（明度）"属性上，如图8-44所示。

（12）观察场景中的云朵模型的"渲染预览"状态，如图8-45所示。

图8-44

图8-45

（13）在"体积"卷展栏中分别调整"颜色渐变"的控制点位置至图8-46所示。观察场景中的云朵模型的"渲染预览"状态，如图8-47所示。

图8-46

图8-47

（14）在"体积"卷展栏中调整"缩放"为3.5，如图8-48所示。观察场景中的云朵模型的"渲染预览"状态，如图8-49所示。

图8-48

图8-49

（15）执行菜单栏"渲染/渲染图像"命令，渲染场景，本实例的最终渲染效果如图8-50所示。

图8-50

8.5 课后习题：制作沙丘地形效果

本课后习题中详细讲解沙丘环境地形的制作方法。图8-51所示为本课后习题的最终完成效果。

图8-51

效果工程文件	沙丘-完成.blend	
素材工程文件	无	

整体思路

（1）制作沙丘地形模型。
（2）添加环境灯光。
（3）制作沙丘材质。

制作要点

第1步：启动中文版Blender 3.6软件，执行菜单栏"编辑/偏好设置"命令，在弹出的"Blender偏好设置"面板中勾选"添加网格：A.N.T.Landscape"插件，如图8-52所示。

> **技巧与提示**
>
> "添加网格：A.N.T.Landscape"插件是中文版Blender 3.6自带的一款专门用于制作各种山脉地形的插件，需单独勾选激活后才可以使用。

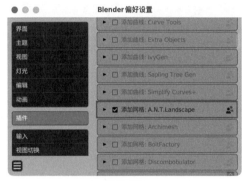

图8-52

第2步：将场景中的默认灯光和立方体模型删除后，执行菜单栏"添加/网格/Landscape"命令，在场景中创建一个地形，如图8-53所示。

第3步：在Another Noise Tool-Landscape（噪波工具-地形）卷展栏中设置"操作项预设"为dunes（沙丘），如图8-54所示。设置"Subdivisions X"（细分X）和"Subdivisions X"（细分Y）为500，如图8-55所示。

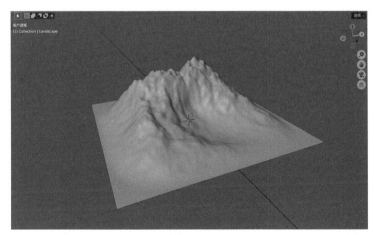

图8-53

图8-54

143

第4步：这样可以得到一个较为平滑的沙漠地形模型，如图8-56所示。

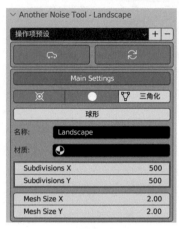

图8-55

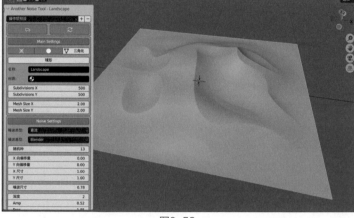

图8-56

💡 **技巧与提示** 可以设置不同的"随机种"值来得到随机的沙丘地形效果。

第5步：在"摄像机透视"视图中调整摄像机的拍摄角度至图8-57所示。

第6步：在"世界环境"面板中单击"颜色"后面的黄色圆点按钮，在弹出的菜单中执行"天空纹理"命令，设置完成后，沙丘地形在"渲染预览"下的显示效果如图8-58所示。

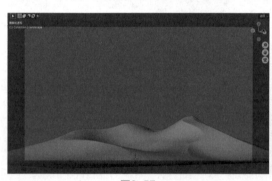

图8-57

图8-58

第7步：在"表（曲）面"卷展栏中设置"太阳尺寸"为1°，"太阳高度"为25°，"海拔"为5000m，"臭氧"为6，"强度/力度"为0.3，如图8-59所示。

第8步：设置"渲染引擎"为Cycles后，沙丘地形在"渲染预览"下的显示效果如图8-60所示。

图8-59

图8-60

第9步：在"材质"面板中为沙丘模型添加"原理化BSDF"材质，设置"基础色"为棕色，如图8-61所示。

第10步：为"法向"属性添加"凹凸"贴图，为"凹凸"贴图的"高度"属性添加"波浪纹理"贴图，并设置"波纹类型"为"环"，"缩放"为50，"畸变"为5，如图8-62所示。

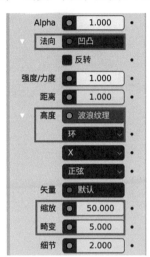

| 图8-61 | 图8-62 |

技巧与提示　还可以适当降低"强度/力度"值来得到较为平坦的沙丘纹理效果。

第11步：设置完成后，沙丘地形在"渲染预览"下的显示效果如图8-63所示。

第12步：执行菜单栏"渲染/渲染图像"命令，渲染场景，本实例的最终渲染效果如图8-64所示。

图8-63

图8-64

第 **9** 章 动画技术

本章导读

　　本章将介绍中文版Blender 3.6的动画技术，主要讲解该软件的关键帧动画、约束动画，以及曲线编辑器的设置技巧，希望读者通过本章的学习，能够掌握动画的制作方法及相关技术。

学习要点

- ❖ 了解动画制作基础知识
- ❖ 掌握关键帧动画的制作方法
- ❖ 掌握约束动画的制作方法
- ❖ 掌握曲线编辑器的使用技巧

9.1 动画概述

动画是一门集合了漫画、电影、数字媒体等多种艺术形式的综合艺术，也是一门"年轻"的学科，经过100多年的发展，已经形成了较为完善的理论体系和多元化产业，其独特的艺术魅力深受广大人民群众的喜爱。在本书中，动画仅狭义地理解为使用Blender软件来设置对象的形变及运动过程记录。迪士尼公司早在20世纪30年代左右就提出了著名的"动画12原理"，这些传统动画的基本原理不但适用于定格动画、黏土动画、二维动画，也同样适用于三维电脑动画。使用Blender 3.6软件创作的虚拟元素与现实中的对象合成可以带给观众超强的视觉感受和真实体验。读者在学习本节的内容之前，建议阅读一下相关书籍并掌握一定的动画基础理论，这有助于制作出令人信服的动画效果。

9.2 关键帧基础知识

关键帧动画是Blender动画技术中最常用的，也是最基础的动画设置技术。说简单些，就是在物体动画的关键时间点上设置数据，Blender根据这些关键点上的数据设置来完成中间时间段内的动画计算，这样一段流畅的三维动画就制作完成了。

9.2.1 设置关键帧

启动中文版Blender 3.6软件，选择场景中自动生成的立方体模型，按I键，弹出"插入关键帧菜单"，如图9-1所示。可以从这个菜单中选择为所选择对象的某些属性设置关键帧。

还可以在"物体属性"面板中单击"位置X"属性后面的圆点按钮，如图9-2所示。单击后，该圆点按钮会变成菱形按钮，如图9-3所示。这样，可以为所选择对象位置属性的某一轴向单独设置关键帧。也就是说，当属性后面有这个圆点按钮时，代表该属性可以设置动画关键帧。

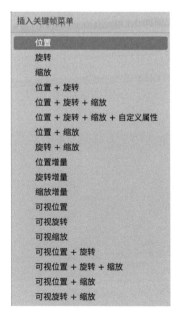

图9-1

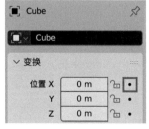

图9-2

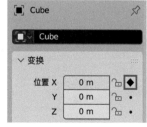

图9-3

9.2.2 更改关键帧

在"时间线"面板中可以看到添加完成后的菱形动画关键帧，关键帧的颜色为黄色时，代表该关键帧为选中状态，关键帧的颜色为白色时，则为未选中状态，如图9-4所示。

选中关键帧后，可以直接在"时间线"面板中对其进行位置上的调整，如果想要删除关键帧，则选择要删除的关键帧，按X键，在弹出的菜单中执行"删除关键帧"命令，如图9-5所示。

图9-4

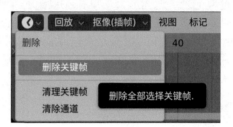
图9-5

9.2.3 动画运动路径

为模型设置位置动画后，在"物体"面板中展开"运动路径"卷展栏，单击"计算"按钮，如图9-6所示，可以为所选物体创建运动路径，如图9-7所示。

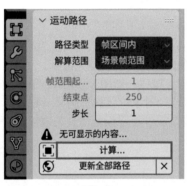
图9-6

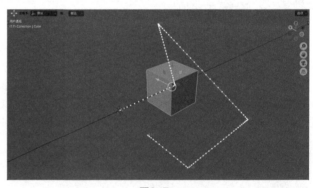
图9-7

在"显示"卷展栏中还可以勾选"帧序号"复选框，如图9-8所示，在视图中显示出每一帧的序列号，如图9-9所示。

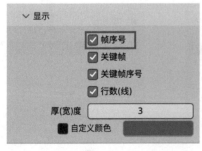
图9-8

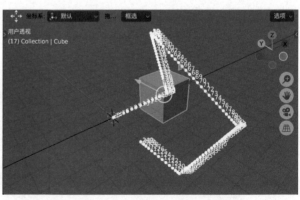
图9-9

9.2.4　曲线编辑器

在"曲线编辑器"面板中可以很方便地查看物体的动画曲线并进行编辑，如图9-10所示。

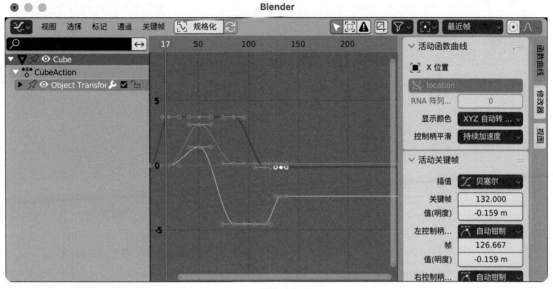

图9-10

9.3　课堂实例：制作文字浮雕动画

本课堂实例主要讲解如何使用关键帧技术及修改器来制作文字浮雕动画效果。本实例的最终渲染效果如图9-11所示。

图9-11

整体思路

（1）创建平面模型。
（2）使用"缩裹"修改器制作浮雕动画效果。

操作步骤

（1）启动中文版Blender 3.6软件，打开配套场景文件"浮雕.blend"，里面有一个文字模型，如图9-12所示。
（2）执行菜单栏"添加/网格/平面"命令，在场景中创建一个平面模型，如图9-13所示。

图9-12　　　　　　　　　　　图9-13

（3）选择平面模型，按Tab键，调整平面模型的边线至图9-14所示位置。
（4）使用"环切"工具为平面模型添加边线，如图9-15所示。

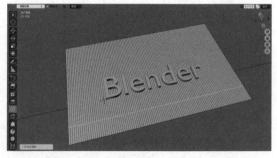

图9-14　　　　　　　　　　　图9-15

（5）设置完成后，再次按Tab键，退出"编辑模式"。在"修改器"面板中为平面模型添加"表面细分"修改器，并设置"视图层级"为2，如图9-16所示。
（6）单击鼠标右键，在弹出的快捷菜单中执行"转换到/网格"命令，如图9-17所示。

图9-16

图9-17

（7）设置完成后，观察平面模型的线框显示效果如图9-18所示。

图9-18

（8）选择平面模型，在"修改器"面板中为平面模型添加"缩裹"修改器，并单击"目标"后面吸管形状的"吸取数据块"按钮，如图9-19所示。再单击场景中的文字模型，设置完成后，平面模型的视图显示效果如图9-20所示。

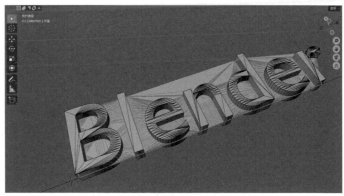

图9-19

图9-20

（9）在"修改器"面板中设置"缩裹方法"为"投影"，如图9-21所示。

（10）设置完成后，将场景中的文字模型隐藏起来，平面模型的视图显示效果如图9-22所示。

（11）在"修改器"面板中为平面模型添加"平滑"修改器，并设置"系数"为1.5，"重复"为6，如图9-23所示。

图9-21　　　　　　　　　　　图9-22　　　　　　　　　　　图9-23

（12）设置完成后，平面模型的视图显示效果如图9-24所示，细节效果如图9-25所示。

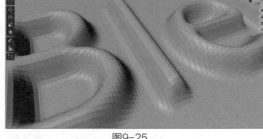

图9-24　　　　　　　　　　　　　　　　　图9-25

（13）选择平面模型，单击鼠标右键并执行"平滑着色"命令，如图9-26所示。设置完成后，仔细观察平面模型，可以发现模型的细节光滑了很多，如图9-27所示。

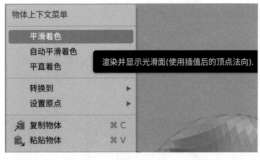
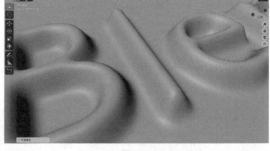

图9-26　　　　　　　　　　　　　　　　　图9-27

（14）在"大纲视图"面板中选择被隐藏起来的文字模型，将其显示出来。在第1帧位置处展开"变换"卷展栏，设置"位置"的Z值为-0.15m，并为其设置关键帧，如图9-28所示。

（15）在第100帧位置处设置"位置"的Z值为0m，并为其设置关键帧，如图9-29所示。

图9-28　　　　　　　　　　　　　　　　　图9-29

观察"大纲视图"面板，可以发现设置了动画效果的文字模型后面会显示一个弯弯箭头的标记，代表该模型上设置有动画，如图9-30所示。

图9-30

（16）设置完成后，再次隐藏文字模型。本实例最终制作完成的动画效果如图9-31所示。

图9-31

9.4 课堂实例：制作卷画打开动画

本课堂实例主要讲解如何使用关键帧技术及修改器来制作卷画打开动画效果。本实例的最终渲染效果如图9-32所示。

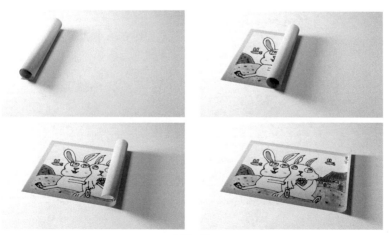

图9-32

効果工程文件 画-完成.blend

素材工程文件 画.blend

微课视频

整体思路

（1）创建螺旋线。
（2）使用"曲线"修改器制作卷画打开动画。

操作步骤

（1）启动中文版Blender 3.6软件，打开配套场景文件"画.blend"，里面有一幅画的模型，并且已经设置好了材质，如图9-33所示。

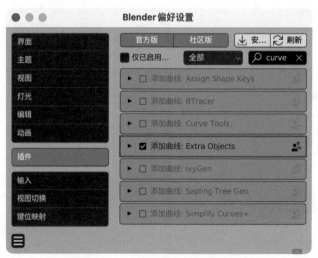

图9-33

（2）执行菜单栏"编辑/偏好设置"命令，在弹出的"Blender偏好设置"面板中勾选"添加曲线：Extra Objects"插件，如图9-34所示。

Blender三维设计案例教程（全彩微课版）

Blender 偏好设置

界面	官方版 社区版 安... 刷新
主题	仅已启用... 全部 curve
视图	▶ □ 添加曲线: Assign Shape Keys
灯光	▶ □ 添加曲线: BTracer
编辑	▶ □ 添加曲线: Curve Tools
动画	▶ ☑ 添加曲线: Extra Objects
插件	▶ □ 添加曲线: IvyGen
输入	▶ □ 添加曲线: Sapling Tree Gen
视图切换	▶ □ 添加曲线: Simplify Curves+
键位映射	

图9-34

 "添加曲线：Extra Objects" 插件是中文版Blender 3.6自带的一款扩展曲线工具包，内含多种不同类型的曲线工具，需单独勾选激活后才可以使用。

（3）执行菜单栏"添加/曲线/Curve Spirals/Archemedian"命令，如图9-35所示，在场景中创建一条螺旋线，如图9-36所示。

图9-35

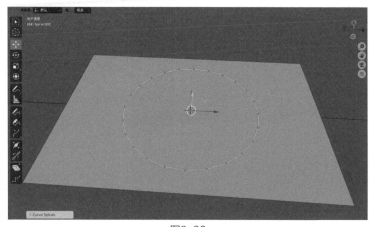

图9-36

（4）在Curve Spirals（螺旋线）卷展栏中设置"圈数"为3，"Radius Growth"（半径增长）为0.03，"半径"为0.2，如图9-37所示。设置完成后，螺旋线的视图显示效果如图9-38所示。

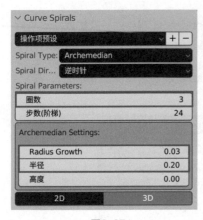

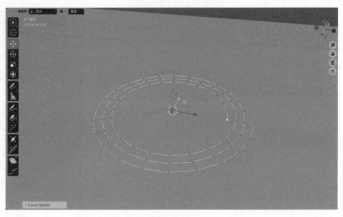

图9-37   图9-38

（5）选择图9-39所示的顶点，在"正交顶视图"中按E键，对其进行挤出操作，制作出图9-40所示的曲线结果。

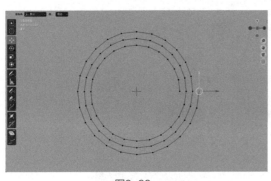

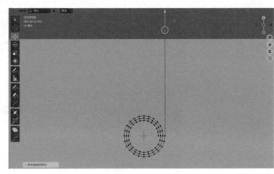

图9-39   图9-40

（6）按Tab键退出"编辑模式"后，调整螺旋线的方向及位置至图9-41所示。

（7）选择画模型，在"修改器"面板中为其添加"曲线"修改器，并设置螺旋线为"曲线物体"，"形变轴"为-Y，如图9-42所示。

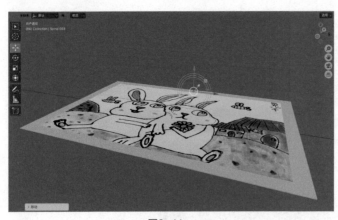

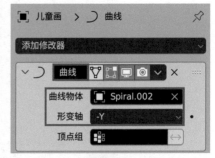

图9-41   图9-42

（8）设置完成后，画会根据螺旋线产生卷起来的形变效果，如图9-43所示。

（9）在场景中选择螺旋线，沿Z轴向下移动，可以控制画卷起来的半径，如图9-44所示。

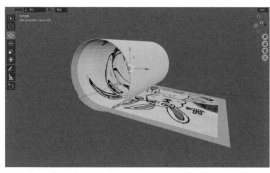

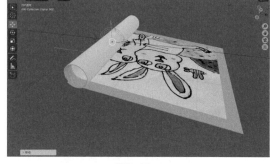

图9-43 图9-44

（10）观察卷画模型效果，可以发现画与螺旋线的方向并不一致，可以选择螺旋线，按Tab键进入"编辑模式"，如图9-45所示。

（11）单击"叠加"下拉按钮，在弹出的"视图叠加层"对话框中勾选最下方的"法向"复选框，如图9-46所示。这样，可以在视图中看到螺旋线上每一个顶点的法向，如图9-47所示。

（12）按A键，选择螺旋线上的所有顶点，单击鼠标右键并执行"切换方向"命令，如图9-48所示。

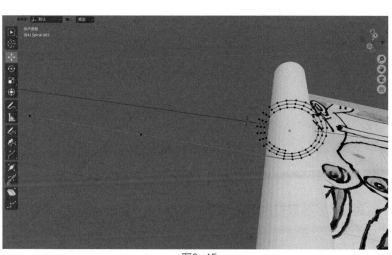

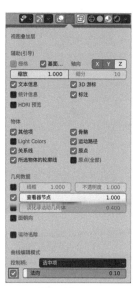

图9-45 图9-46

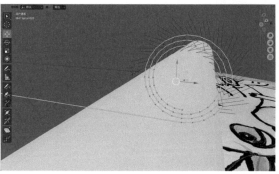

图9-47 图9-48

（13）设置完成后，可以看到螺旋线上每一个顶点的法向均发生了变换，同时还会影响卷画的模型效果，如图9-49所示。

（14）按Tab键，退出"编辑模式"。沿X轴移动螺旋线的位置可发现画会随着螺旋线的移动产生卷起来的动画效果，但是不难发现卷的方向不对，如图9-50所示。

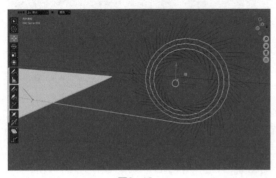
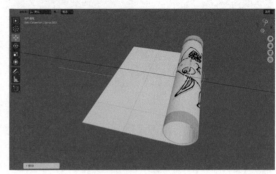

图9-49 图9-50

（15）选择画模型，在"物体"面板中设置旋转的Y值和Z值均为180°，如图9-51所示。

（16）设置完成后，可以看到现在画的方向显示为正确的初始方向，如图9-52所示。

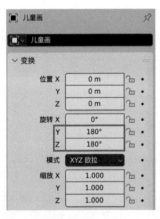
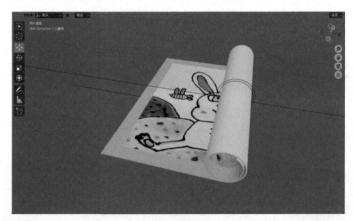

图9-51 图9-52

（17）在第30帧位置处调整螺旋线的位置至图9-53所示，并在"物体"面板中为"位置X"设置关键帧，如图9-54所示。

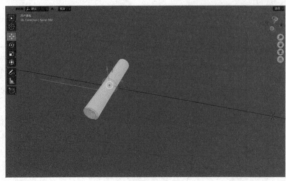
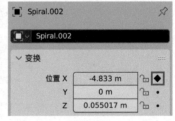

图9-53 图9-54

（18）在第100帧位置处调整螺旋线的位置至图9-55所示，并在"物体"面板中为"位置X"设置关键帧，如图9-56所示。

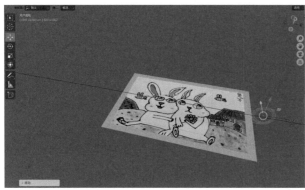

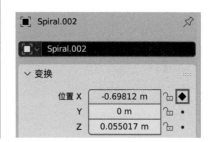

图9-55 图9-56

（19）本实例最终制作完成的动画效果如图9-57所示。

图9-57

9.5 课堂实例：制作文字消失动画

本课堂实例主要讲解如何使用关键帧技术及纹理贴图来制作文字消失的动画效果。本实例的最终渲染效果如图9-58所示。

图9-58

159

图9-58（续）

效果工程文件	文字-完成.blend
素材工程文件	文字.blend

微课视频

整体思路

（1）观察场景文件。

（2）使用"颜色渐变"贴图制作文字消失动画。

操作步骤

（1）启动中文版Blender 3.6软件，打开配套场景文件"文字.blend"，里面有一个文字的模型，并且已经设置好了灯光，如图9-59所示。

（2）选择文字模型，在"材质"面板中单击"新建"按钮，如图9-60所示，为其创建一个新材质。

（3）在"表（曲）面"卷展栏中设置"基础色"为红色，如图9-61所示。设置完成后，文字模型的"渲染预览"如图9-62所示。

图9-59

图9-60

图9-61

图9-62

（4）使用贴图控制文字模型从一侧到另一侧慢慢消失。在"材质"面板中单击Alpha后面的灰色圆点按钮，如图9-63所示，在弹出的菜单中选择"颜色渐变"，如图9-64所示。

图9-63

图9-64

（5）在"材质"面板中单击"颜色渐变"贴图中"系数"后面的灰色圆点按钮，如图9-65所示。在弹出的菜单中选择"分离XYZ"下方的X属性，如图9-66所示。

图9-65

图9-66

 仔细观察场景，可以看出文字从左向右为X轴向，故选择"分离XYZ"下的X属性。

（6）在"材质"面板中单击"分离XYZ"贴图中"矢量"后面的紫色圆点按钮，如图9-67所示，在弹出的菜单中选择"映射"，如图9-68所示。

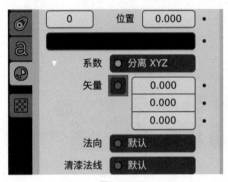

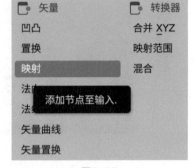

图9-67   图9-68

（7）在"材质"面板中单击"映射"贴图中"矢量"后面的紫色圆点按钮，如图9-69所示，在弹出的菜单中选择"纹理坐标"下方的"生成"属性，如图9-70所示。

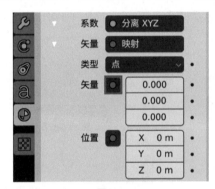

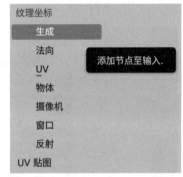

图9-69   图9-70

（8）设置完成后，打开"着色器编辑器"面板，文字材质的节点连接状态如图9-71所示。

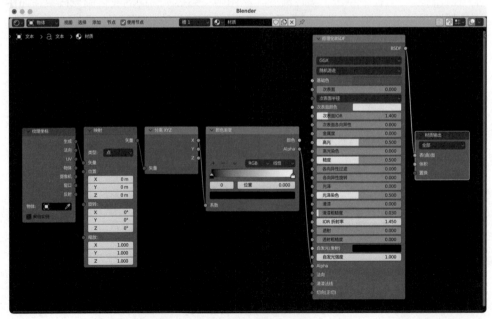

图9-71

（9）在"着色器编辑器"面板中将"颜色渐变"节点的"颜色"属性连接至"原理化BSDF"节点的Alpha属性上，如图9-72所示。

图9-72

（10）在"渲染属性"面板中设置"渲染引擎"为Cycles，如图9-73所示。

（11）设置完成后，文字模型的"渲染预览"如图9-74所示。可以看到现在文字模型从一侧向另一侧缓缓消失。

图9-73

图9-74

（12）在第50帧位置处将"颜色渐变"贴图中的白色控制点选中，如图9-75所示。设置其"位置"为0，并为其设置关键帧，如图9-76所示。

（13）在第100帧位置处设置白色控制点的"位置"为1，并为其设置关键帧，如图9-77所示。

图9-75

图9-76

图9-77

（14）在第100帧位置处将"颜色渐变"贴图中的黑色控制点选中，并为其"位置"属性设置关键帧，如图9-78所示。

（15）在第150帧位置处设置黑色控制点的"位置"为1，并为其设置关键帧，如图9-79所示。

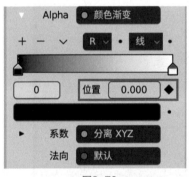

图9-78

图9-79

（16）本实例最终制作完成的动画效果如图9-80所示。

图9-80

9.6 约束

动画约束是可以帮助用户自动化动画过程的特殊类型控制器。通过与另一个对象的绑定关系，用户可以使用约束来控制对象的位置、旋转或缩放。通过对对象设置约束，可以将多个物体的变换约束到一个物体上，从而极大地减少动画师的工作量，也便于项目后期的动画修改。在"约束"面板中可看到Blender 3.6提供的所有约束命令，如图9-81所示。下面介绍几个常用的约束命令。

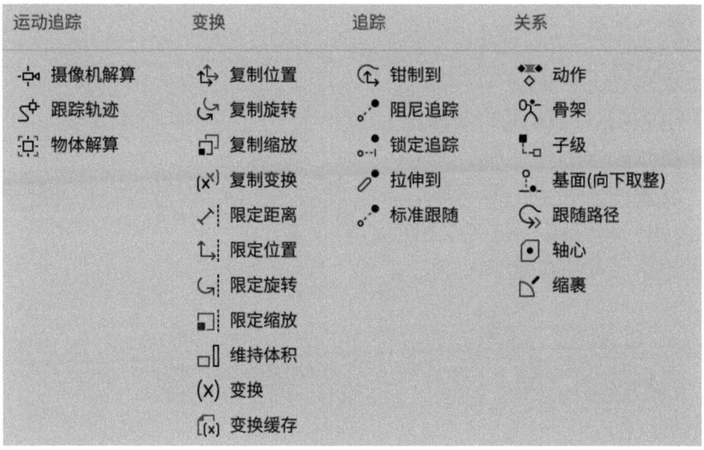

图9-81

9.6.1 复制位置

复制位置约束可以将一个物体的位置复制到另一个物体上，其参数设置如图9-82所示。

工具解析

目标：设置复制位置的约束目标。
轴向：设置复制位置的约束轴向。
反转：设置反转对应的轴向。
偏移量：允许约束对象相对于目标产生一定的偏移。

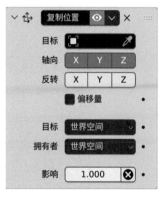

图9-82

9.6.2 子级

子级约束与父子关系约束非常相似，其参数设置如图9-83所示。

工具解析

目标：设置子级的父对象。
位置/旋转/缩放：设置是否继承父对象的位置/旋转/缩放的影响。

图9-83

165

"设置反向"按钮：单击该按钮会使得物体恢复至初始状态。
"清除反向"按钮：单击该按钮会清除"设置反向"影响。
影响：设置子级的影响比例。

9.6.3 跟随路径

跟随路径约束可以将物体约束至曲线上，其参数设置如图9-84所示。

图9-84

 工具解析

目标：设置跟随路径的目标。
偏移量：设置物体相对于曲线的偏移量。
前进轴：设置物体前进的坐标轴。
向上坐标轴：设置物体向上的坐标轴。
"动画路径"按钮：单击该按钮产生路径动画效果。
影响：设置跟随路径约束的影响比例。

9.7 课堂实例：制作滚筒刷动画

本课堂实例主要讲解如何使用约束技术来制作滚筒刷来回滚动动画效果。本实例的最终渲染效果如图9-85所示。

图9-85

整体思路

（1）观察场景文件。

（2）使用"变换"约束制作滚筒刷动画效果。

操作步骤

（1）启动中文版Blender 3.6软件，打开配套场景文件"滚筒刷.blend"，里面有一个滚筒刷的模型，并且已经设置好了材质及灯光，如图9-86所示。

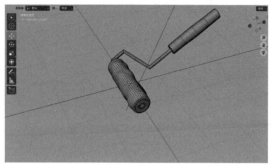

图9-86

（2）执行菜单栏"添加/空物体/纯轴"命令，在场景中创建一个名称为"空物体"的纯轴，如图9-87所示。

（3）先选择场景中的滚筒刷把手和滚筒刷刷子模型，按住Shift键，最后加选纯轴，如图9-88所示。

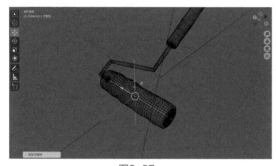

图9-87

图9-88

技巧与提示

在Blender软件中，当用户选择了多个对象时，最后一个选择对象为橙色显示状态，之前选择的其他多个对象则为略微偏红色的显示状态。

（4）按Ctrl+P组合键，在弹出的"设置父级目标"菜单中执行"物体"命令，如图9-89所示。

（5）设置完成后，观察"大纲视图"面板，可以看到建立的层级关系如图9-90所示。

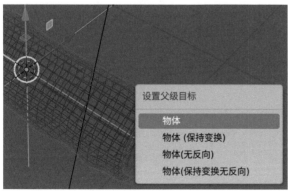

图9-89

图9-90

在场景中尝试移动一下纯轴,可以发现滚筒刷把手和滚筒刷刷子模型也会跟随产生位移效果。

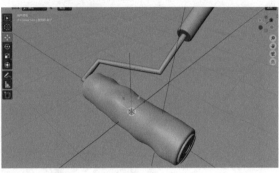

图9-91

（6）在场景中选择滚筒刷刷子模型,如图9-91所示。

（7）在"约束"面板中为其添加"变换"约束,并设置其"目标"为场景中名称为"空物体"的纯轴,勾选"延伸"复选框,如图9-92所示。

（8）在"映射自"卷展栏中设置"位置"的"X最大值"为1.88m,如图9-93所示。

（9）在"映射至"卷展栏中设置"旋转"的"Y源轴"为X,"最大值"为360°,如图9-94所示。

图9-92

图9-93

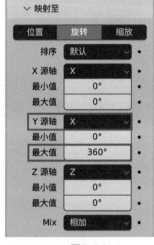

图9-94

"位置"属性X的"最大值"取决于滚筒刷刷子的周长,也就是说当刷子旋转360度后,滚筒刷移动的距离应该与刷子的周长一致。根据周长公式,这个最大值应该是3.14乘以刷子模型的直径。而滚筒刷刷子的直径可根据"条目"面板中"尺寸"的X属性来确定,如图9-95所示。

技巧与提示

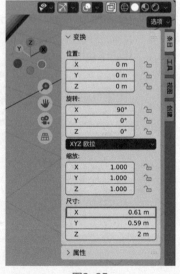

图9-95

（10）选择纯轴，在第1帧位置处，为"变换"卷展栏中"位置X"属性设置关键帧，如图9-96所示。

（11）在第40帧位置处，沿X轴移动纯轴的位置至图9-97所示。

（12）在"变换"卷展栏中再次为其"位置X"属性设置关键帧，如图9-98所示。

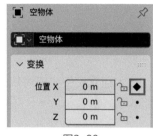

图9-96

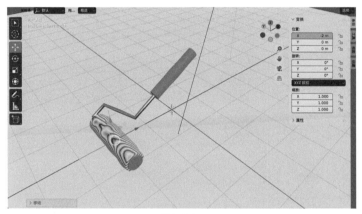

图9-97

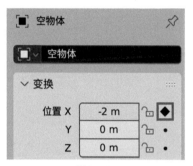

图9-98

（13）本实例最终制作完成的动画效果如图9-99所示。

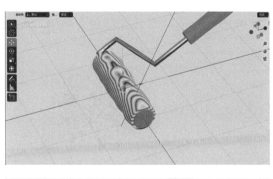
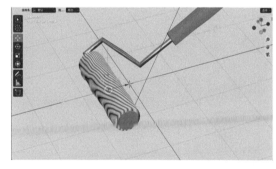
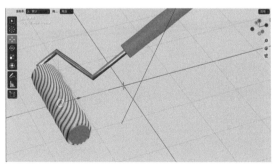
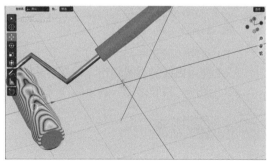

图9-99

9.8 课堂实例：制作飞机飞行动画

本课堂实例主要讲解如何使用曲线编辑器和约束技术来制作飞机飞行的动画效果，本实例的最终渲染效果如图9-100所示。

图9-100

效果工程文件	飞机-完成.blend
素材工程文件	飞机.blend

微课视频

整体思路

（1）观察场景文件。
（2）使用曲线编辑器制作飞机螺旋桨旋转动画。
（3）使用"跟随路径"约束制作飞机飞行动画效果。

操作步骤

9.8.1 使用曲线编辑器制作螺旋桨旋转动画

（1）启动中文版Blender 3.6软件，打开配套场景文件"飞机.blend"，里面有一个飞机的模型，并且已经设置好了材质及灯光，如图9-101所示。

图9-101

（2）选择飞机的任意一个螺旋桨模型，可以看到其坐标轴的位置并不在螺旋桨模型的中心上，如图9-102所示。

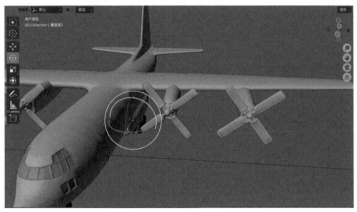

图9-102

（3）选择螺旋桨模型，单击鼠标右键并执行"设置原点/原点->几何中心"命令，如图9-103所示。

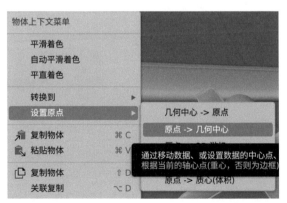

图9-103

（4）设置完成后，在"正交前视图"中观察螺旋桨模型的坐标轴，可以看到现在坐标轴位于螺旋桨模型的中心上了，如图9-104所示。接下来，使用同样的操作步骤更改其他螺旋桨模型的坐标轴位置。

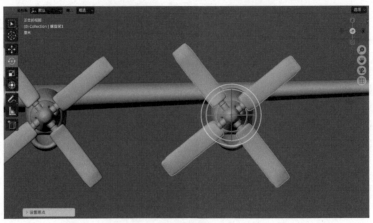

图9-104

（5）选择飞机左侧的第一个螺旋桨模型，如图9-105所示。

图9-105

（6）在第0帧位置处，在"变换"卷展栏中为"旋转Y"属性设置关键帧，如图9-106所示。

（7）在第20帧位置处，在"变换"卷展栏中设置"旋转Y"为360°，并为该属性设置关键帧，如图9-107所示。

图9-106

图9-107

（8）打开"曲线编辑器"面板，可以看到在默认状态下，螺旋桨模型的动画曲线显示效果如图9-108所示，只显示了其旋转动画的一小部分动画曲线，很不方便我们观察该曲线的形态。

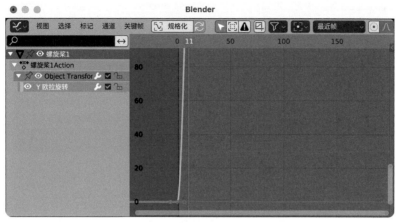

图9-108

（9）执行菜单栏"视图/框显全部"命令，如图9-109所示。这样就可以清楚地看到螺旋桨模型动画曲线上的两个关键点了，如图9-110所示。

图9-109

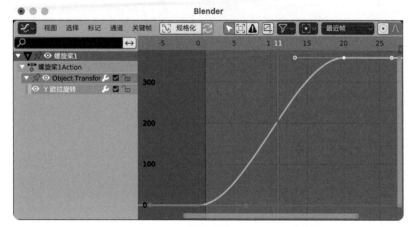

图9-110

（10）在"曲线编辑器"面板中选择这两个关键点，单击鼠标右键，在弹出的快捷菜单中执行"控制柄类型/矢量"命令，如图9-111所示，将该动画设置为匀速动画效果，如图9-112所示。

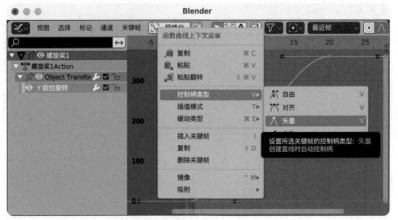

图9-111

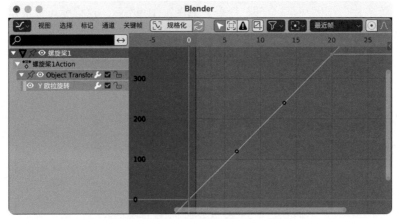

图9-112

（11）在"修改器"面板中为其添加"循环"修改器，如图9-113所示。

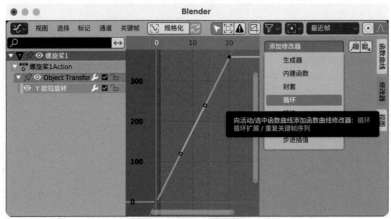

图9-113

技巧与提示 "循环"修改器添加完成后，在"修改器"面板中显示其英文名称Cycles。

（12）在"修改器"面板中设置"之前模式"为"带偏移重复"，"之后模式"为"带偏移重复"，如图9-114所示。

（13）设置完成后，在"曲线编辑器"面板中观察螺旋桨的动画曲线，如图9-115所示。

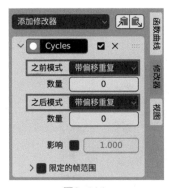

图9-114

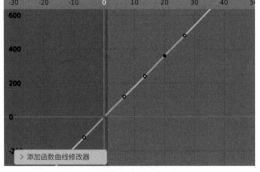

图9-115

（14）在场景中选择飞机左侧的第2个螺旋桨，如图9-116所示。

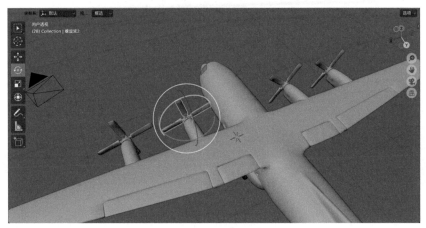

图9-116

（15）在"约束"面板中为其添加"复制旋转"约束，并设置其"目标"为场景中名称为"螺旋桨1"的刚刚制作好旋转动画的螺旋桨模型，如图9-117所示。设置完成后，可以看到现在添加了"复制旋转"约束的螺旋桨模型也会跟着一起旋转起来。接下来，分别对飞机右侧的两个螺旋桨模型也进行同样的设置，完成飞机4个螺旋桨的旋转动画制作。

图9-117

（1）执行菜单栏"添加/空物体/纯轴"命令，在场景中创建一个名称为"空物体"的纯轴，如图9-118所示。

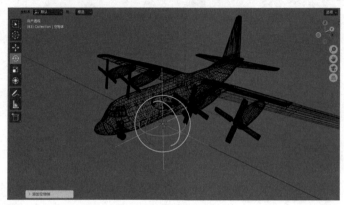

图9-118

（2）先选择场景中的构成飞机的所有部件模型后，按住Shift键，最后加选纯轴，如图9-119所示。

（3）按Ctrl+P组合键，在弹出的"设置父级目标"菜单中执行"物体"命令，如图9-120所示。

图9-119   图9-120

（4）设置完成后，可以看到从飞机的各个部件模型上会出现一条虚线连接至纯轴上，如图9-121所示。

图9-121

（5）执行菜单栏"添加/曲线/NURBS曲线"命令，在场景中创建一条曲线，如图9-122所示。

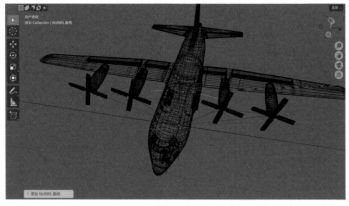

图9-122

（6）按Tab键进入"编辑模式"，对曲线上任意一端的顶点多次按E键，对其进行挤出操作，制作出如图9-123所示的曲线形状。

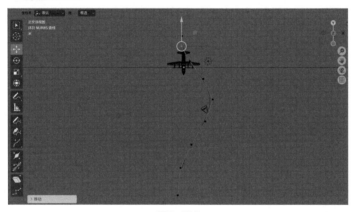

图9-123

（7）选择纯轴，在"物体约束属性"面板中为其添加"跟随路径"约束，如图9-124所示。

（8）在"跟随路径"约束中设置"目标"为我们刚刚绘制的曲线，勾选"跟随曲线"复选框，再单击"动画路径"按钮，为纯轴生成动画效果，如图9-125所示。

图9-124

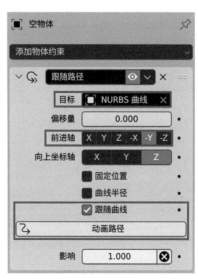

图9-125

（9）本实例最终制作完成的动画效果如图9-126所示。

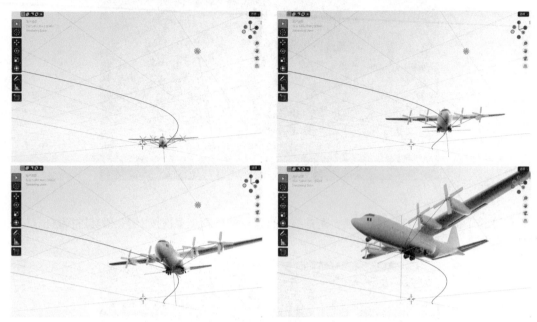

图9-126

9.9 课后习题：制作炮台旋转动画

本课后习题主要讲解使用约束技术来制作炮台旋转的动画效果。本课后习题的最终渲染效果如图9-127所示。

图9-127

| 效果工程文件 | 炮台-完成.blend |
| 素材工程文件 | 炮台.blend |

整体思路

（1）观察场景文件。
（2）使用"标准跟随"和"限定旋转"约束制作炮台旋转动画效果。

制作要点

第1步：启动中文版Blender 3.6软件，打开配套场景文件"炮台.blend"，主要有一个炮台模型，并且已经设置好了材质、灯光及摄像机，如图9-128所示。

第2步：执行菜单栏"添加/空物体/球形"命令，创建一个名称为"空物体"的球形，并调整其位置至图9-129所示。

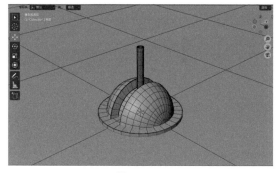

图9-128

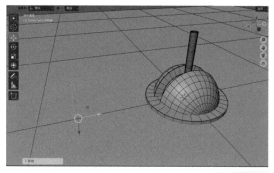

图9-129

第3步：选择炮筒模型，为其添加"标准跟随"约束，并设置球形为其"目标"，设置完成后，炮筒模型的旋转方向如图9-130所示。

第4步：选择炮台模型，使用同样的操作步骤为其设置"标准跟随"约束，设置完成后，随意调整球形的位置，可以看到炮台模型和炮筒模型的旋转方向如图9-131所示。

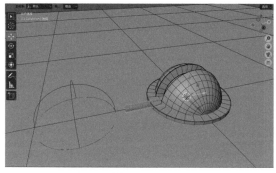

图9-130

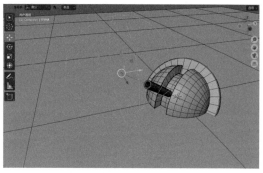

图9-131

第5步：选择炮台模型，为其添加"限定旋转"约束，限制其X轴和Y轴的旋转。再次随意调整球形的位置，可以看到现在炮台模型只会沿Z轴旋转，如图9-132所示。

第6步：设置完成后，只需要为球形设置位移动画，炮台模型即可始终朝向球形的位置进行相应的旋转，如图9-133所示。

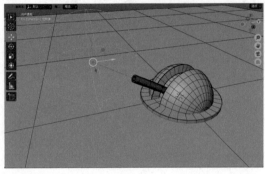

图9-132

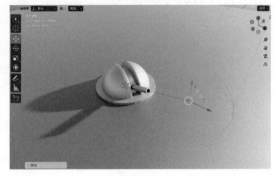

图9-133

第 **10** 章 综合实例

本章导读

本章准备了两个较为典型的实例，希望读者能够通过本章的学习，熟练掌握Blender材质、灯光、动画及渲染的综合运用技巧。

学习要点

❖ 掌握Blender的常用材质、灯光及渲染方法

10.1 室内表现案例

中文版Blender 3.6软件自带的Cycles渲染引擎是一个电影级别的优秀渲染器，使用Cycles渲染器渲染出来的动画场景非常逼真，其内置的灯光可以轻松模拟出日光、天光、灯带及射灯等照明效果，完全可以胜任电视电影的灯光特效技术要求。

| 效果工程文件 | 客厅-完成.blend |
| 素材工程文件 | 客厅.blend |

微课视频

整体思路

（1）分析场景，制作常用材质。
（2）为场景添加灯光。

操作步骤

10.1.1 效果展示

本实例通过一个室内空间的动画场景来详细讲解Blender常用材质、灯光，以及渲染方面的设置技巧，实例的最终渲染效果如图10-1所示。

图10-1

启动中文版Blender 3.6软件，打开本书的配套场景资源文件"客厅.blend"，如图10-2所示。

图10-2

10.1.2 制作渐变色花瓶材质

本实例中的渐变色花瓶材质渲染效果如图10-3所示，具体制作步骤如下。

图10-3

（1）在场景中选择花瓶模型，如图10-4所示。
（2）在"材质"面板中单击"新建"按钮，如图10-5所示，为其添加一个新的材质。

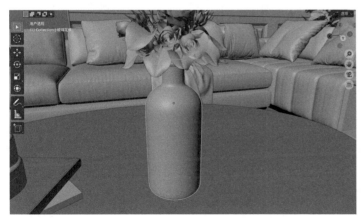

图10-4

图10-5

（3）在"表（曲）面"卷展栏中设置"表（曲）面"为"玻璃BSDF"，"糙度"为0，"IOR折射率"为1.6，单击"颜色"后面的黄色圆点按钮，如图10-6所示。

（4）在弹出的菜单中选择"颜色渐变"贴图，如图10-7所示。

图10-6

图10-7

（5）单击"颜色渐变"贴图下"系数"后面的灰色圆点按钮，如图10-8所示。

（6）在弹出的菜单中选择"分离XYZ"贴图下方的Z属性，如图10-9所示。

（7）单击"分离XYZ"贴图下"矢量"后面的紫色圆点按钮，如图10-10所示。

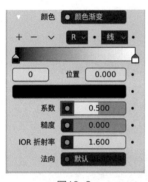

图10-8

图10-9

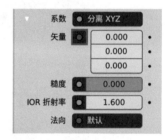

图10-10

（8）在弹出的菜单中选择"纹理坐标"贴图下方的"生成"属性，如图10-11所示。

（9）设置"颜色渐变"贴图白色控制点的"位置"为0.5，调整渐变色至图10-12所示。其中，粉红色的参数设置如图10-13所示。

图10-11

图10-12

图10-13

（10）设置完成后，渐变色花瓶材质的预览效果如图10-14所示。

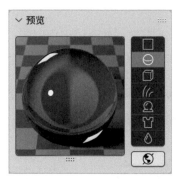

图10-14

10.1.3 制作玻璃桌面材质

本实例中的玻璃桌面材质渲染效果如图10-15所示，具体制作步骤如下。

图10-15

（1）在场景中选择桌面模型，如图10-16所示。
（2）在"材质"面板中单击"新建"按钮，如图10-17所示，为其添加一个新的材质。

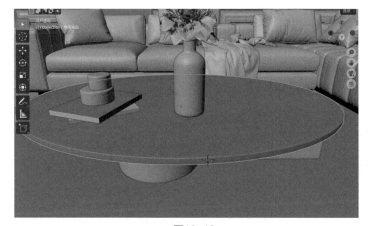

图10-16

图10-17

（3）在"表（曲）面"卷展栏中设置"表（曲）面"为"玻璃BSDF"，"糙度"为0，如

图10-18所示。

（4）设置完成后，玻璃材质的预览效果如图10-19所示。

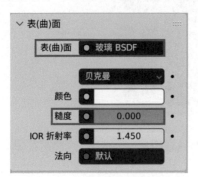

图10-18

图10-19

10.1.4 制作沙发材质

本实例中的沙发材质渲染效果如图10-20所示，具体制作步骤如下。

图10-20

（1）在场景中选择沙发垫子模型，如图10-21所示。

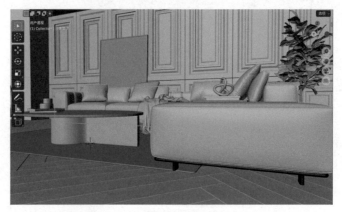

图10-21

（2）在"材质"面板中单击"新建"按钮，如图10-22所示，为其添加一个新的材质。

（3）在"表（曲）面"卷展栏中设置"表（曲）面"为"原理化BSDF"，"基础色"为橙色，如图10-23所示。其中，基础色的参数设置如图10-24所示。

图10-22

图10-23

图10-24

（4）设置完成后，沙发材质的预览效果如图10-25所示。

图10-25

10.1.5 制作地板材质

本实例中的地板材质渲染效果如图10-26所示，具体制作步骤如下。

图10-26

（1）在场景中选择地板模型，如图10-27所示。

图10-27

（2）在"材质"面板中单击"新建"按钮，如图10-28所示，为其添加一个新的材质。

（3）在"表（曲）面"卷展栏中设置"表（曲）面"为"原理化BSDF"，单击"基础色"后面的黄色圆点按钮，如图10-29所示。

图10-28

图10-29

（4）在弹出的菜单中选择"图像纹理"贴图，如图10-30所示。

（5）添加"图像纹理"贴图后，单击"打开"按钮，如图10-31所示，为"基础色"添加一张"地板.jpg"贴图，如图10-32所示。

图10-30

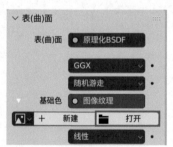

图10-31

图10-32

（6）在"表（曲）面"卷展栏中设置"高光"为1，"糙度"为0.2，如图10-33所示。

（7）设置完成后，地板材质的预览效果如图10-34所示。

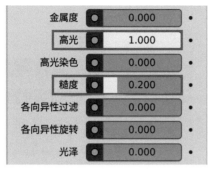

图10-33 · · · · · · · · · · · · · · · · · 图10-34

10.1.6 制作金色金属材质

本实例中的金色金属渲染效果如图10-35所示，具体制作步骤如下。

图10-35

（1）在场景中选择书本上的静物摆件模型，如图10-36所示。

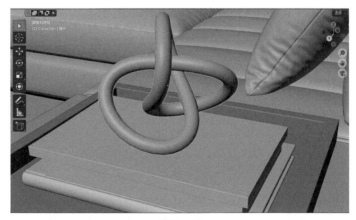

图10-36

（2）在"材质"面板中单击"新建"按钮，如图10-37所示，为其添加一个新的材质。

（3）在"表（曲）面"卷展栏中设置"表（曲）面"为"光泽BSDF"，"颜色"为金色，"糙度"为0.1，如图10-38所示。其中，颜色的参数设置如图10-39所示。

（4）设置完成后，金色金属材质的预览效果如图10-40所示。

图10-37

图10-38

图10-39

图10-40

10.1.7 制作地毯材质

本实例中的地毯材质渲染效果如图10-41所示，具体制作步骤如下。

图10-41

（1）在场景中选择地毯模型，如图10-42所示。

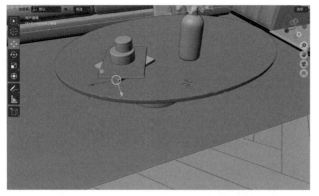

图10-42

（2）在"材质"面板中单击"新建"按钮，如图10-43所示，为其添加一个新的材质。

（3）在"表（曲）面"卷展栏中设置"表（曲）面"为"原理化BSDF"，单击"基础色"后面的黄色圆点按钮，如图10-44所示。

图10-43

图10-44

（4）在弹出的菜单中选择"图像纹理"贴图，如图10-45所示。

图10-45

（5）添加"图像纹理"贴图后，单击"打开"按钮，如图10-46所示，为"基础色"添加一张"地毯.jpg"贴图，如图10-47所示。

图10-46

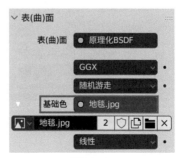

图10-47

（6）在"表（曲）面"卷展栏中单击"法向"后面的紫色圆点按钮，如图10-48所示。

（7）在弹出的菜单中选择"凹凸"贴图，如图10-49所示。

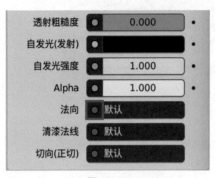

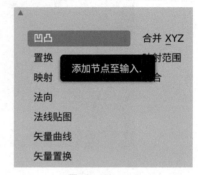

图10-48

图10-49

（8）在"着色器编辑器"面板中将"地毯.jpg"节点中的"颜色"属性连接至"凹凸"节点的"高度"属性上，如图10-50所示。

（9）设置完成后，在"表（曲）面"卷展栏中设置"强度/力度"为0.3，降低凹凸的强度，如图10-51所示。

（10）设置完成后，地毯材质的预览效果如图10-52所示。

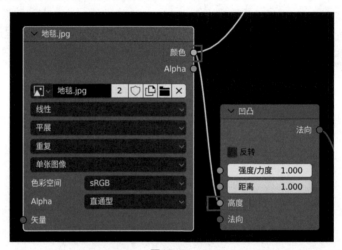

图10-50

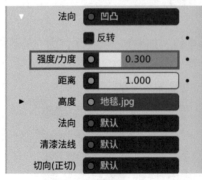

图10-51

图10-52

Blender三维设计案例教程（全彩微课版）

10.1.8 制作天光照明效果

（1）执行菜单栏"添加/灯光/面光"命令，在场景中创建一个面光，并调整其位置至图10-53所示。

（2）使用"旋转"工具调整面光的照射方向至图10-54所示。

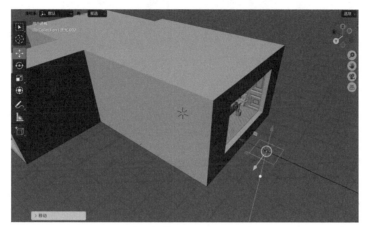

图10-53

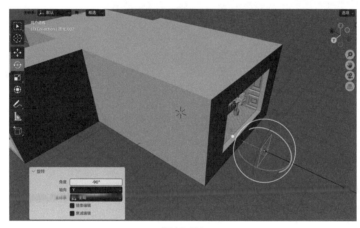

图10-54

（3）在"数据"面板中设置面光的"能量"为500W，形状为"长方形"，"X尺寸"为2m，"Y"为3.5m，如图10-55所示。

图10-55

（4）在"用户透视"视图中调整面光的位置至图10-56所示。

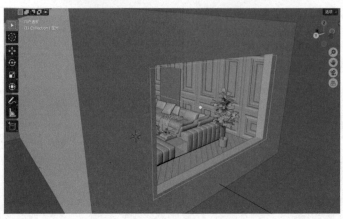

图10-56

（5）选择面光，按Shift+D组合键，复制出一个面光，并调整其位置和角度至图10-57所示。

（6）在"数据"面板中设置新复制出来面光的"能量"为100W，形状为"长方形"，"X尺寸"为2m，"Y"为2.5m，如图10-58所示。

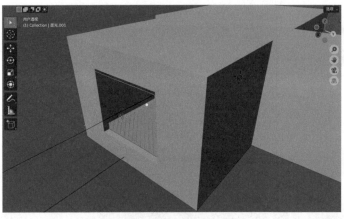

图10-57

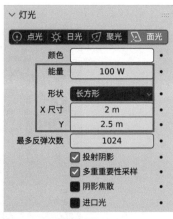

图10-58

（7）设置完成后，将视图切换至"摄像机透视"视图，按Z键，在弹出的菜单中执行"渲染"命令，如图10-59所示。

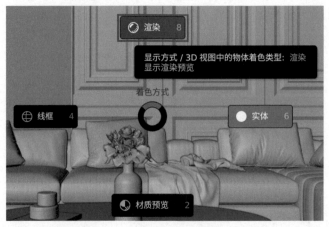

图10-59

Blender三维设计案例教程（全彩微课版）

（8）本实例的"渲染预览"效果如图10-60所示。

图10-60

10.1.9 渲染设置

（1）在"渲染"面板中设置"渲染引擎"为Cycles，"渲染"的"最大采样"为2048，如图10-61所示。

（2）在"输出"面板中设置"分辨率X"为1300px，"Y"为800px，如图10-62所示。

图10-61

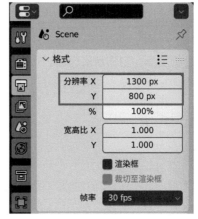

图10-62

（3）设置完成后，渲染场景，渲染效果如图10-63所示。

图10-63

10.2 卡通场景案例

中文版Blender 3.6软件自带的Cycles渲染引擎不但可以渲染出写实的场景画面，还可以渲染一些卡通场景效果。

> 效果工
> 程文件　小屋-完成.blend
>
> 素材工
> 程文件　小屋.blend

微课
视
频

整体思路

（1）分析场景，制作常用材质。
（2）为场景添加灯光。

操作步骤

10.2.1 效果展示

本实例通过一个卡通小屋的动画场景来详细讲解Blender常用材质、灯光，以及渲染方面的设置技巧。本实例的最终渲染效果如图10-64所示。

图10-64

启动中文版Blender 3.6软件，打开本书的配套场景资源文件"小屋.blend"，如图10-65所示。

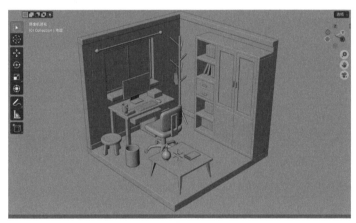

图10-65

10.2.2 制作圆凳材质

本实例中的圆凳材质渲染效果如图10-66所示，具体制作步骤如下。

图10-66

（1）在场景中选择圆凳模型，如图10-67所示。

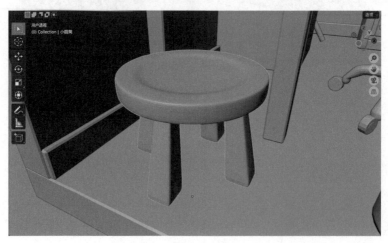

图10-67

（2）在"材质"面板中单击"新建"按钮，如图10-68所示，为其添加一个新的材质。

（3）在"表（曲）面"卷展栏中设置"表（曲）面"为"原理化BSDF"，"基础色"为橙色，如图10-69所示。其中，基础色的参数设置如图10-70所示。

图10-68

图10-69

图10-70

（4）设置完成后，圆凳材质的预览效果如图10-71所示。

图10-71

10.2.3 制作显示器材质

本实例中的显示器材质渲染效果如图10-72所示，具体制作步骤如下。

图10-72

（1）在场景中选择显示器屏幕模型，如图10-73所示。

图10-73

（2）在"材质"面板中单击"新建"按钮，如图10-74所示，为其添加一个新的材质。

图10-74

（3）更改新材质的名称为"显示器金属边"，设置"表（曲）面"为"光泽BSDF"，如图10-75所示。

（4）设置完成后，显示器金属边材质的预览效果如图10-76所示。

图10-75

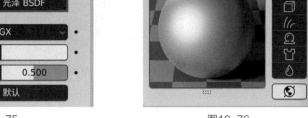

图10-76

（5）再次新建一个材质，并更改新材质的名称为"显示器平面"，设置"表（曲）面"为"原理化BSDF"，如图10-77所示。

（6）在"表（曲）面"卷展栏中设置"高光"为1，"糙度"为0，如图10-78所示。

（7）设置完成后，显示器屏幕材质的预览效果如图10-79所示。

图10-77

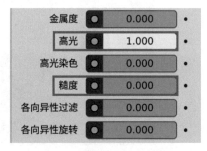

图10-78

图10-79

（8）选择显示器屏幕模型，按Tab键，在"编辑模式"中选择图10-80所示的面。

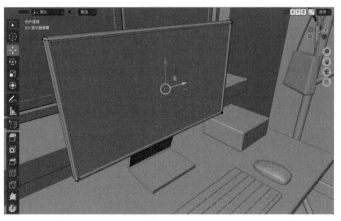

图10-80

（9）在"材质"面板中选中"显示器屏幕"材质，单击"指定"按钮，如图10-81所示，完成显示器屏幕模型的材质制作。

图10-81

技巧与提示　本实例中的计算机机箱、垃圾桶、书柜把手模型也都使用了显示器边框材质。

10.2.4　制作陶瓷花瓶材质

本实例中的陶瓷花瓶材质渲染效果如图10-82所示，具体制作步骤如下。

图10-82

（1）在场景中选择花瓶模型，如图10-83所示。

（2）在"材质"面板中单击"新建"按钮，如图10-84所示，为其添加一个新的材质。

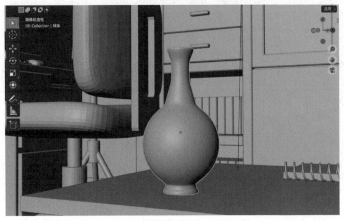

图10-83 图10-84

（3）在"表（曲）面"卷展栏中设置"表（曲）面"为"原理化BSDF"，"基础色"为红色，如图10-85所示。其中，基础色的参数设置如图10-86所示。

（4）设置完成后，陶瓷花瓶材质的预览效果如图10-87所示。

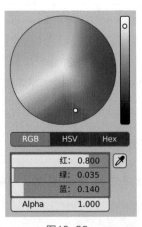

图10-85 图10-86 图10-87

 本实例中书桌上的杯子材质与陶瓷花瓶材质的制作方法基本一致。

10.2.5 制作玻璃材质

本实例中书柜上的玻璃材质渲染效果如图10-88所示，具体制作步骤如下。

图10-88

（1）在场景中选择书柜上的玻璃模型，如图10-89所示。

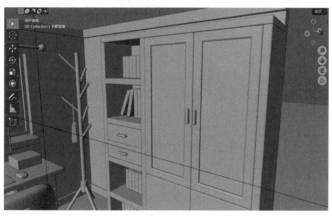

图10-89

（2）在"材质"面板中单击"新建"按钮，如图10-90所示，为其添加一个新的材质。

（3）在"表（曲）面"卷展栏中设置"表（曲）面"为"玻璃BSDF"，"糙度"为0，如图10-91所示。

（4）设置完成后，玻璃材质的预览效果如图10-92所示。

图10-90

图10-91

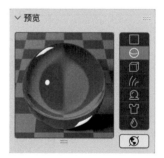

图10-92

 技巧与提示　本实例中的窗户玻璃与书柜玻璃为同一个材质。

（1）执行菜单栏"添加/灯光/面光"命令，在场景中创建一个面光，并调整其位置至图10-93所示。

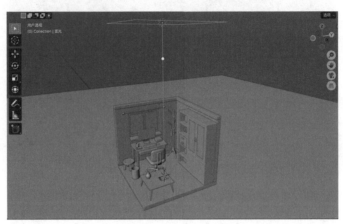

图10-93

（2）在"灯光"卷展栏中设置"能量"为100W，"形状"为"正方形"，"尺寸"为2m，如图10-94所示。

图10-94

（3）设置完成后，将视图切换至"摄像机透视"视图，其"渲染预览"显示效果如图10-95所示。

图10-95

（4）选择灯光，对其进行复制并调整位置和照射方向至图10-96所示。

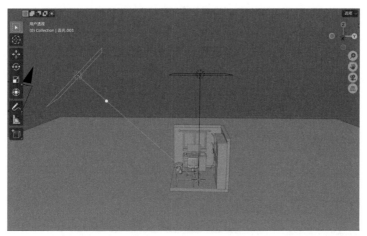

图10-96

（5）设置完成后，将视图切换至"摄像机透视"视图，其"渲染预览"显示效果如图10-97所示。

图10-97

（6）对场景中的灯光再次进行复制，并调整位置和照射方向至图10-98所示。

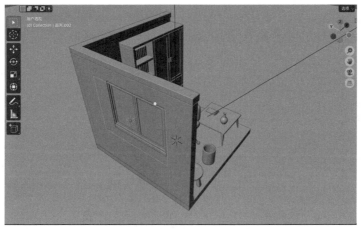

图10-98

（7）在"灯光"卷展栏中设置"尺寸"为1m，如图10-99所示。

（8）设置完成后，将视图切换至"摄像机透视"视图，其"渲染预览"显示效果如图10-100所示。

图10-99

图10-100

10.2.7 渲染设置

（1）在"渲染"面板中设置"渲染引擎"为Cycles，"渲染"的"最大采样"为2048，如图10-101所示。

（2）在"渲染"面板中勾选Freestyle复选框，如图10-102所示。

（3）在"输出"面板中设置"分辨率X"为1300px，"Y"为800px，如图10-103所示。

图10-101

图10-102

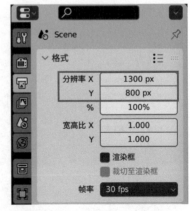

图10-103

Blender三维设计案例教程（全彩微课版）

206

（4）在"边类型"卷展栏中勾选"剪影"复选框，如图10-104所示。

（5）在"Freestyle线宽"卷展栏中设置"基线宽度"为1，如图10-105所示。

图10-104

图10-105

（6）设置完成后，渲染场景，渲染效果如图10-106所示。

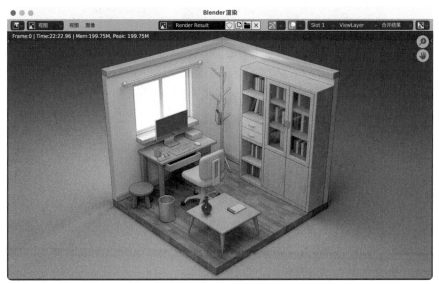

图10-106

在"Freestyle线宽"卷展栏中，Blender软件提供了多种修改器来更改Freestyle线的渲染效果，如图10-107所示。

图10-107

其中，个别修改器产生的描边效果较为特殊。图10-108~图10-113分别为应用"切向（正切）""噪波""曲率3D""折痕角""书法样式"和"沿笔画"修改器后的渲染效果。

图10-108

图10-109

技巧与提示

图10-110

图10-111

图10-112

图10-113